玉米栽培与植保技术精编

张守林 等 主编

U0255242

中国农业出版社
北京
农村读物出版社

内容简介

　　《玉米栽培与植保技术精编》一书包括上篇和下篇，本书以全新的视角、独特的思维，将科学研究成果与生产实践巧妙结合，知识点翔实，图文并茂，言简意赅，实用性强。上篇"玉米栽培技术与农事热点"主要讲解栽培方面的知识，内容包括玉米生产过程中整地、备播、播种、水肥管理、病虫草防控、收获、抗逆减灾等农事活动；同时，以实例代替说教，从农户感兴趣的视角针对生产过程中农户热议且困惑的问题进行了分析与解答。下篇"玉米病虫草害防治技术"主要讲解植保方面的知识，从生态环境治理体系考虑，以降低农药残留为目的，对防止环境污染具有重要意义，内容包括玉米不同生育阶段病虫草害种类、玉米病虫草害识别及防治技术、非侵染性病害特征分析和补救措施、化学药剂毒害及应对措施、植物生长调节剂应用及注意事项、病虫草害绿色防控技术。

　　纵观全书内容，各个章节形成有机整体，书中讲解的内容在玉米生产中实用性很强，对玉米生产实践、技术指导、业务培训、理论参考、玉米栽培和植保研究均能提供一定的帮助。本书是一部理论与实践、科普兼顾型读物，可作为参考书或技术手册学习使用。

致 谢

  《玉米栽培与植保技术精编》一书，由鹤壁市农业科学院牵头并主持编撰，河南省玉米产业技术体系、河南省农业科学院粮食作物研究所、河南农业大学植物保护学院、鹤壁市农业农村发展服务中心等单位参与编撰而成，在此，向所有对本书编写提供帮助的单位和个人表示衷心的感谢，并致以诚挚的敬意。

编 委 会

序

"十四五"时期，我国农业发展面临的外部环境更加复杂多变，这就需要把高质量发展贯穿始终，守牢国家粮食安全底线，坚定不移推进农业供给侧结构性改革，推动农业提质增效，加快农业现代化建设。要深入实施"藏粮于地、藏粮于技"战略，落实粮食安全责任，引导农业资源优先保障粮食生产，稳定粮食生产面积和产量，确保谷物基本自给、口粮绝对安全。要加大农业水利设施建设力度，实施高标准农田建设工程，强化农业科技和装备支撑，提高农业良种化水平，巩固提升农业综合生产能力。要将解决种源"卡脖子"难题、打赢种业翻身仗作为新阶段的工作重点和任务，要不遗余力、大力发展农业科技创新，为"三农"工作保驾护航。

实践证明，栽培学和植保学在玉米粮食安全生产中的作用至关重要，不容忽视。要通过栽培技术和植保技术的推广，种、药、机械等生产要素的改良，管、治、收等生产环节的规范，以"生态、绿色、优质、节约、高效、持续"为目标推进高质量农业发展，以"粮头食尾""农头工尾"为抓手发展现代农产品加工业，不断健全生产、加工、仓储保鲜、冷链物流等全产业链，逐步实现玉米种植业由增产导向转向提质导向，实现玉米产业链向环境友好、高效节约、健康安全、优质特色等方向延伸，在扛稳粮食安全重任的同时引导农户科学种田、帮助农户增收增益。

本书分为上、下两篇，以全新的视角、独特的思维，将科学研究成果与生产实践进行了巧妙结合，知识点丰富、重点突出、图文并茂、言简意赅，具有极强实用性。上篇对玉米生产过程中整地、备播、播种、水肥管理、病虫草防控、收获、抗逆减灾等内容进行了讲解，对农事活动的科学规范具有指导作用。第四章中，作者结合工作实际，对生产中农户热议且困惑的问题进行了分析、解答，以实例代替说教，从农户感兴趣的视角讲解栽培知识，内容形式新颖、针对性强、趣味性高，更能激发读者兴趣，更有利于知识科普和技术推广。下篇对玉米生产过程中常见病虫草害进行系统分类，对非侵染性病害进行特征分析和补救措施说明，针对药害问题提出解决方案，普及植物生长调节剂应用相关知识。下篇亮点是贯穿全文的玉米病虫草害绿色防控技术，其核心思想是倡导绿色防控，要减少农药用量，禁用毒量超标农药，从生态环境治理体系考虑，进一步降低农药残留，防止环境污染。

现代农业发展任重道远，玉米栽培学和植保学唯有不断发展创新，才能顺应产业发展、满足市场需求、有效帮助农户解决生产实际问题。这需要农业科研人员勇于担责、主动学习，沉下心、走出去，在实践中多积累、在工作中肯创新。要有更大的格局，以新时代农业工作者的担当，积极落实"藏粮于地、藏粮于技"的战略，面对机遇和挑战不退缩，倾力开展种源"卡脖子"技术攻关，立志打一场种业翻身仗。以实际行动，为国分忧、为民解难，在巩固脱贫攻坚成果、实施乡村振兴战略过程中作出更多、更大的贡献。

希望本书内容能够为河南省玉米产业的持续稳定发展提供强有力的技术支撑。

河南农业大学教授
河南省玉米产业技术体系首席专家　李玉玲

2022年3月于郑州

前　言

在向第二个百年奋斗目标迈进的历史关口，习近平总书记在中央农村工作会议上为新时代"三农"工作阐明了根本遵循和行动指南。在新时期，"三农"工作者要抓紧谋划、全面推进乡村振兴、巩固拓展脱贫攻坚成果、抓好粮食生产和重要农副产品供给、加快建设农业强国。在新阶段，牢牢把住粮食安全主动权，抓紧粮食生产；严防死守18亿亩耕地红线，落实最严格的耕地保护制度；建设高标准农田，真正实现旱涝保收、高产稳产；坚持农业科技自立自强，加快推进农业关键核心技术攻关；调动农民种粮积极性……以上内容已是"三农"工作者新的使命和责任。

保障粮食安全的要害是种子和耕地，关键是技术发展和创新。在黄淮海地区，玉米加小麦百亩高产田年亩产可达1 750kg，相当于一亩地养活四个半中国人，种植业的科技支撑对粮食高产稳产的作用和意义可见一斑。中国地大物博，地域环境复杂，加之气候生态、水质地力不断变化，种植户种植理念和消费者消费观念均发生改变，要促进农业生产高效性、确保国家粮食安全、实现粮食产业高质量发展、提高农民科学种田积极性，应走"节本增效、绿色提质、实地调研"这条路。鉴于此，作者将玉米品种示范推广、高产栽培、绿色植保的研究成果，新技术集成、示范及推广经验，以及"走基层、到一线"的科技服务感悟总结成《玉米栽培与植保技术精编》一书，全书共包含"玉米栽培技术与农事热点"和"玉米病虫草害防治技术"两部分内容。

玉米栽培学是一门综合性学科，涉及种植、培育（管理）等专业内容。种植户想做好玉米栽培，需要掌握选地整地、选种备播、规划播种、排水灌溉、病虫草害防控、收获储运、加工销售等学科知识，具有抗逆减灾、提质增效等技术储备。一些玉米栽培学论著，只是遵循着作物生产时序性的原则，从头至尾重是理论轻实践的阐述，撰写的素材缺乏系统性、逻辑性整理，知识原创性不高，更新不及时，不充分涵盖农户在实际生产中的真正需求，不能有效地帮助农户解决生产中的实际问题。本着与时俱进、有求必应、直奔主题、注重实效的原则，本书上篇主要汇编了玉米高效生产技术、抗逆减灾技术和农事热点等内容，结合生产中的热议话题，将知识融于实例，进行有针对性的阐释。

玉米病虫草害是影响玉米产量和品质的重要生物灾害，从播种到收获，每一个生长阶段都会受到不同病虫草的危害。为更好地指导农业技术人员和农民朋友正确识别玉米病虫草害，掌握玉米病虫草害的危害症状、发生规律及防治方法，本书下篇配置了直观的原色图谱照片，文字简洁明了，同时，还引入了化学药剂毒害及应对措施、植物生长调节剂的应用及注意事项、玉米病虫草害绿色防控等先进技术知识的介绍。下篇共讲述了34种虫害和24种病害、30种常见杂草和28种非侵染性病害，同时借鉴了玉米病虫害防治权威专家王晓鸣等著的《玉米病虫害田间手册——病虫害鉴别与抗性鉴定》，石洁、王振营编著的《玉米病虫害防治彩色图谱》，李少昆等著的《黄淮海夏玉米田间种植手册》的相关内容。

本书主要特点：编排严谨有序，语言通俗简洁，内容精练实用，观点新颖可靠，图、表、文的针对性强，附录内容（二十四节气、农业谚语、"荣誉殿堂"玉米品种）辅助作用显著。知识丰富而不臃肿、易懂而不失严谨，理论性、实用性较强，可供农业科研工作者、各级农业技术推广人员和广大农民参考使用。

书中内容部分来自作者总结、部分来自业内同行援助，还有部分参考其他权威论著。此书是作者在前人研究基础上进行归纳列举、创新发展的成果。本书编写得到了河南省玉米产业技术体系、河南省农业科学院、鹤壁市农业科学院等单位领导专家的指导和帮助，在此表示感谢。

玉米栽培学和植保学涉及的知识面很广且相关学科发展迅速，因编者水平有限，时间仓促，书中难免有疏漏，恳请读者批评指正。

编　者

2022年3月于鹤壁市农业科学院

目　录

序
前言

上 篇　玉米栽培技术与农事热点

■ **第一章　玉米概况** / 3

第一节　简介 / 3
　一、概述 / 3
　二、生物学特性 / 3
　三、主要价值 / 4
　四、产地分布 / 4
第二节　种植区划分 / 4
　一、概述 / 4
　二、政策调整 / 4
　三、六大分区 / 5
第三节　产业分析 / 7
　一、产业发展 / 7
　二、产业现状 / 8
　三、产业前景 / 8

■ **第二章　高效生产技术** / 9

第一节　播种 / 9
　一、选种 / 9
　二、整地 / 10

三、播种方式 / 11
四、注意事项 / 12
第二节 排灌 / 12
一、概述 / 12
二、需水特点 / 12
三、灌溉方式 / 14
四、灌溉时间 / 15
五、排水 / 15
六、注意事项 / 16
第三节 施肥 / 16
一、概述 / 16
二、需肥特点 / 17
三、肥料种类 / 18
四、施肥方式 / 19
五、施肥误区 / 20
六、注意事项 / 20
第四节 除草 / 21
一、杂草种类 / 21
二、杂草防控 / 21
三、补救措施 / 22
四、注意事项 / 22
第五节 虫害防控 / 23
一、虫害种类 / 23
二、虫害防控 / 23
三、注意事项 / 25
第六节 病害防控 / 25
一、病害种类 / 25
二、病害防控 / 25
三、病虫害专业化统防统治技术 / 26
第七节 收获 / 27
一、普通玉米收获时期 / 27
二、特用玉米收获时期 / 27

三、籽粒机收技术 / 28

四、鲜食玉米储运加工技术 / 31

五、青贮玉米加工技术 / 34

■ **第三章 抗逆减灾技术** / 38

第一节 旱灾 / 38

一、概述 / 38

二、旱灾危害 / 38

三、应对措施 / 39

第二节 涝渍 / 39

一、概述 / 39

二、主要危害 / 40

三、应对措施 / 40

第三节 风灾 / 41

一、概述 / 41

二、风灾危害 / 41

三、应对措施 / 42

第四节 高温热害 / 42

一、概述 / 42

二、等级划分 / 43

三、主要影响 / 43

四、应对措施 / 43

第五节 阴雨寡照 / 44

一、概述 / 44

二、主要影响 / 44

三、应对措施 / 45

■ **第四章 生产中热点话题** / 47

第一节 生长周期 / 47

一、基本概念 / 47

二、叶龄识别 / 48

三、生育时期 / 48

第二节　气候指标　/ 49

一、概述　/ 49

二、播种期　/ 50

三、苗期　/ 50

四、穗期　/ 51

五、抽雄至开花期　/ 51

六、灌浆至成熟期　/ 51

七、全生育期　/ 51

第三节　红白轴　/ 52

一、玉米轴简介　/ 52

二、红白轴之争　/ 52

三、科学解读　/ 53

四、玉米轴色遗传性　/ 53

第四节　种植密度　/ 53

一、常见误区　/ 53

二、合理密植意义　/ 54

三、合理密植原则　/ 54

四、注意事项　/ 55

第五节　出苗质量　/ 55

一、概述　/ 55

二、发生原因　/ 56

三、应对措施　/ 58

第六节　异常苗　/ 58

一、概述　/ 58

二、红苗　/ 58

三、紫苗　/ 59

四、黄绿苗　/ 60

五、黄苗　/ 60

六、白苗　/ 63

七、僵苗　/ 64

第七节　分蘖　/ 64

一、概述　/ 64

二、分蘖原因 / 65

三、分蘖的去留 / 66

四、去除分蘖的方法 / 66

五、应对措施 / 66

第八节　化控 / 67

一、概述 / 67

二、化控剂及化控时间 / 67

三、化控效果及目的 / 67

四、化控技巧 / 68

五、注意事项 / 68

第九节　倒伏倒折 / 68

一、概述 / 68

二、发生原因 / 69

三、补救措施 / 69

四、预防措施 / 70

第十节　空秆及果穗异常 / 70

一、概述 / 70

二、空秆原因 / 70

三、空秆应对措施 / 71

四、果穗异常类型 / 71

五、果穗异常原因 / 72

六、果穗异常应对措施 / 74

第十一节　返祖现象 / 74

一、概述 / 74

二、发生原因 / 74

三、应对措施 / 75

第十二节　特用玉米 / 75

一、概述 / 75

二、主要类型 / 75

三、籽粒颜色 / 77

四、甜度和黏度 / 79

五、特用玉米栽培技术概述 / 80

　　六、特用玉米管理要点　　　　　　　　　　　　　　/ 81
　第十三节　转基因　　　　　　　　　　　　　　　　/ 84
　　一、转基因玉米　　　　　　　　　　　　　　　　/ 84
　　二、农业转基因现状　　　　　　　　　　　　　　/ 85
　　三、常见转基因问题　　　　　　　　　　　　　　/ 85
参考文献　　　　　　　　　　　　　　　　　　　　　/ 88

下　篇　玉米病虫草害防治技术

■　第五章　玉米常见病虫草害　　　　　　　　　　　/ 93
　第一节　苗期　　　　　　　　　　　　　　　　　　/ 93
　　一、苗期特点　　　　　　　　　　　　　　　　　/ 93
　　二、常见病虫草害　　　　　　　　　　　　　　　/ 93
　　三、防治原则　　　　　　　　　　　　　　　　　/ 94
　第二节　穗期　　　　　　　　　　　　　　　　　　/ 94
　　一、穗期特点　　　　　　　　　　　　　　　　　/ 94
　　二、常见病虫草害　　　　　　　　　　　　　　　/ 94
　　三、防治原则　　　　　　　　　　　　　　　　　/ 95
　第三节　花粒期　　　　　　　　　　　　　　　　　/ 95
　　一、花粒期特点　　　　　　　　　　　　　　　　/ 95
　　二、常见病虫草害　　　　　　　　　　　　　　　/ 95
　　三、防治原则　　　　　　　　　　　　　　　　　/ 96
■　第六章　玉米虫害识别及防治技术　　　　　　　　/ 97
　第一节　常见地下害虫及其防治　　　　　　　　　　/ 97
　　一、地老虎　　　　　　　　　　　　　　　　　　/ 97
　　二、蝼蛄　　　　　　　　　　　　　　　　　　　/ 98
　　三、金针虫　　　　　　　　　　　　　　　　　　/ 98
　　四、蛴螬　　　　　　　　　　　　　　　　　　　/ 99
　第二节　刺吸式害虫及其防治　　　　　　　　　　　/ 100

一、蚜虫 / 100

二、蓟马 / 101

三、叶螨 / 102

四、灰飞虱 / 102

五、叶蝉 / 103

六、盲蝽 / 104

第三节　食叶害虫及其防治 / 104

一、玉米螟 / 104

二、棉铃虫 / 105

三、黏虫 / 106

四、甜菜夜蛾 / 107

五、二点委夜蛾 / 108

六、草地贪夜蛾 / 109

七、斜纹夜蛾 / 110

八、东亚飞蝗 / 110

第四节　穗部钻蛀害虫及其防治 / 111

一、桃蛀螟 / 111

二、高粱条螟 / 111

三、大螟 / 112

四、金龟子 / 113

第五节　其他害虫图谱识别 / 113

一、鼠害 / 113

二、鸟害 / 114

三、蜗牛 / 114

四、双斑长跗萤叶甲 / 114

五、灯蛾 / 115

六、刺蛾 / 115

七、美国白蛾 / 115

八、古毒蛾 / 116

九、褐足角胸叶甲 / 116

十、耕葵粉蚧 / 116

十一、弯刺黑蝽 / 117

十二、铁甲虫 / 117

■ **第七章　玉米病害识别及防治技术** / 118

第一节　叶部病害及其防治 / 118
　　一、大斑病 / 118
　　二、小斑病 / 119
　　三、弯孢霉叶斑病 / 120
　　四、灰斑病 / 120
　　五、褐斑病 / 121
　　六、锈病 / 122
　　七、圆斑病 / 123
　　八、细菌性叶斑病 / 124
第二节　病毒病害及其防治 / 125
　　一、粗缩病 / 125
　　二、矮花叶病 / 125
　　三、红叶病 / 126
　　四、玉米遗传性条纹病 / 127
第三节　穗部叶鞘病害及其防治 / 128
　　一、丝黑穗病 / 128
　　二、瘤黑粉病 / 128
　　三、穗腐病 / 129
　　四、疯顶病 / 130
　　五、纹枯病 / 131
　　六、鞘腐病 / 132
　　七、顶腐病 / 133
第四节　根茎病害及其防治 / 134
　　一、茎基腐病 / 134
　　二、根腐病 / 135
　　三、苗枯病 / 136
　　四、根结线虫病 / 137
　　五、矮化病 / 138

■ **第八章　玉米草害识别及防治技术** / 139

第一节　玉米田常见杂草种类 / 139
第二节　玉米田杂草防治问答 / 142
　　一、河南省玉米田的主要杂草有哪些？ / 142
　　二、农田杂草按其危害程度分为哪几类？ / 142
　　三、玉米田杂草按其生长年限是如何进行分类的？ / 142
　　四、杂草有哪些特性？ / 142
　　五、播前或播后苗前的土壤除草剂有哪些？亩用量为多少？ / 143
　　六、苗后茎叶处理的除草剂有哪些？亩用量为多少？ / 143
　　七、土壤封闭除草的注意事项有哪些？ / 143
　　八、除草剂进行茎叶喷雾时的注意事项？ / 143
　　九、哪些除草剂使用后下茬不能种玉米？ / 144
　　十、除草剂混用有什么优点？ / 144
　　十一、除草剂混用应注意哪些问题？ / 144
　　十二、除草剂产生药害的原因有哪些？ / 145
　　十三、怎样施用除草剂可避免药害的产生？ / 145
　　十四、杂草出现抗药性怎么办？ / 145
　　十五、什么是农田杂草的综合防治？ / 145
　　十六、杂草的农业防治有哪些措施？ / 145
　　十七、什么是杂草的生物防治？ / 146
　　十八、除草剂的剂型有哪些？各有哪些特点？ / 146
　　十九、影响除草剂药效的因素有哪些？ / 147
　　二十、春玉米与夏玉米种植区的化学除草技术有哪些区别？ / 147
　　二十一、常使玉米发生药害的除草剂有哪些？ / 148
　　二十二、市面上的除草剂混用效果有何不同？ / 148

■ **第九章　玉米常见非侵染性病害** / 149

第一节　玉米常见自然灾害 / 149
　　一、干旱危害 / 149
　　二、低温冷冻害 / 149
　　三、日灼、高温热害 / 150

四、涝害　/ 150

五、雹灾、风灾　/ 150

第二节　玉米缺素症　/ 151

一、缺氮症　/ 151

二、缺磷症　/ 151

三、缺钾症　/ 152

四、缺锌症　/ 152

五、缺硼症　/ 153

六、缺锰症　/ 153

七、缺铜症　/ 153

八、缺铁症　/ 153

九、缺硫症　/ 154

十、缺钙症　/ 154

十一、缺镁症　/ 154

第三节　玉米生理性病害　/ 155

一、籽粒丝裂　/ 155

二、籽粒爆裂　/ 155

三、籽粒霉烂　/ 155

四、穗腐烂　/ 156

五、多穗　/ 156

六、果穗畸形　/ 157

七、顶生雌穗　/ 157

八、穗发芽　/ 157

九、秃尖　/ 158

十、缺粒（花粒）　/ 158

十一、空秆　/ 159

十二、多分蘖　/ 159

■ 第十章　化学药剂毒害及应对措施　/ 160

第一节　除草剂药害及应对措施　/ 160

一、除草剂药害症状　/ 160

二、除草剂药害应对措施　/ 163

第二节　除草剂与杀虫剂混用问题 / 163
一、混用药剂使用时期 / 164
二、混用药剂喷洒时间 / 164
三、混用药剂品种介绍 / 164
四、混用药剂注意事项 / 164
第三节　肥料危害及应对措施 / 165
一、玉米发生肥害的原因 / 165
二、肥害救治措施 / 166

■ **第十一章　植物生长调节剂应用及注意事项** / 168

第一节　植物生长促进剂 / 168
第二节　植物生长延缓剂 / 172
第三节　植物生长抑制剂 / 174
第四节　保鲜剂 / 174
第五节　其他制剂 / 176

■ **第十二章　玉米病虫草害绿色防控技术** / 177

第一节　农业防控技术 / 177
一、种植抗病虫玉米优良品种 / 177
二、玉米种子处理 / 177
三、其他农业防控措施 / 178
第二节　理化诱控技术 / 179
一、杀虫灯诱控 / 179
二、诱虫板诱控 / 180
三、昆虫信息素诱控 / 180
四、食饵诱杀 / 180
五、草把诱虫 / 181
六、植物诱杀 / 181
第三节　生态调控技术 / 181
第四节　生物防治技术 / 182
一、农用抗生素防治技术 / 182
二、苏云金芽孢杆菌杀虫剂 / 182

三、昆虫不育技术　　　　　　　　　　　　　　/ 183

四、病毒制剂　　　　　　　　　　　　　　　　/ 183

五、绿僵菌制剂　　　　　　　　　　　　　　　/ 183

六、白僵菌制剂　　　　　　　　　　　　　　　/ 183

七、赤眼蜂防虫技术　　　　　　　　　　　　　/ 183

八、微孢子虫防治技术　　　　　　　　　　　　/ 183

第五节　科学用药技术　　　　　　　　　　　　/ 184

一、种子包衣　　　　　　　　　　　　　　　　/ 184

二、土壤处理　　　　　　　　　　　　　　　　/ 185

三、化学除草　　　　　　　　　　　　　　　　/ 185

四、生物农药　　　　　　　　　　　　　　　　/ 185

参考文献　　　　　　　　　　　　　　　　　　/ 186

■　附　录

附录一　二十四节气　　　　　　　　　　　　　/ 187

附录二　农业谚语　　　　　　　　　　　　　　/ 189

附录三　"荣誉殿堂"玉米品种　　　　　　　　/ 191

上 篇

玉米栽培技术与
农事热点

第一章
玉米概况

第一节　简　介

一、概述

玉米（拉丁学名：*Zea mays* L.）是一年生草本植物。玉米的植物学分类为植物界，被子植物门，单子叶植物纲，禾本目，禾本科，黍亚科，玉蜀黍属，玉米种。玉米分布在热带和温带地区，别名：玉蜀黍、棒子、苞谷、苞粟、玉茭、苞米、珍珠米、苞芦、大芦粟。辽宁话称珍珠粒，闽南语称番麦，潮州话称薏米仁，粤语称粟米。玉米果穗如图1-1所示。

图1-1　玉米果穗

二、生物学特性

玉米是雌雄同株、异花授粉作物，染色体$2n=20$，具有很强的耐旱性、耐寒性、耐贫瘠性等环境适应性。玉米是喜温作物，玉米生物学有效温度为10℃。种子发芽时，温度低于10℃发芽慢，16～21℃发芽旺盛，28～35℃适合种子发芽，40℃以上停止发芽。玉米是短日照植物，在短日照（8～10h）条件下可以开花结实。研究表明，光谱成分对玉米的发育影响很大，早晨或晚上以红色等长波光照射可促进玉米发育，而白天（除早晨外的其余时间）以蓝色等短波光照射可促进玉米发育。玉米为C_4植物，具有较强的光合能力，其光饱和点高。玉米需水较多，但相对需水量不高，蒸腾系数为370g，需水量较为经济。玉米根系发达，能充分吸收土壤中的水分。在高温干燥时，叶片本能向上卷曲，减少蒸腾面积，使水分吸收与蒸腾适当平衡。玉米适应性广，对土壤要求不严格，黑钙土、栗钙土和沙质壤土等均可种植。

三、主要价值

玉米是重要的粮食作物、饲料作物和工业用原料。玉米营养价值较高，含有丰富的蛋白质、脂肪、维生素、微量元素、纤维素等。玉米具有抗氧化、抗肿瘤、降血糖、提高免疫力等作用；还具有被开发为高营养、高生物学功能食品的巨大潜力，其开发和应用前景广阔。

四、产地分布

玉米原产于中美洲和南美洲，现在世界各地均有种植，主要分布的纬度范围为30°—50°。玉米栽培面积较多的国家是美国、中国、巴西、墨西哥、南非、印度和罗马尼亚。玉米在我国的栽培历史大约有470年，主产区在东北、华北和西南山区。

第二节　种植区划分

一、概述

我国玉米带纵跨寒温带、暖温带、亚热带和热带生态区，分布在低地平原、丘陵和高原山区等不同自然条件下。玉米种植区域的形成和发展与当地自然资源特点、社会经济因素和生产技术的变迁有密切关系。

二、政策调整

在我国，受国家政策调整和农户种植习惯改变的影响，每年的玉米种植区域及面积都会发生一定改变。2016年，国家提出对"镰刀弯"地区玉米结构进行调整。该区在地形版图中呈现东北－华北－西南－西北"镰刀弯"状分布，包括东北冷凉区、北方农牧交错区、西北风沙干旱区、太行山沿线区及西南石漠化区，是典型的旱作农业区和畜牧业发展优势区；该区玉米种植面积占全国的1/3，但其生态环境脆弱，玉米产量低且不稳定。"镰刀弯"地区在东北包括东北冷凉区和北方农牧交错区。东北冷凉区为高纬度、高寒地区，包括黑龙江北部和内蒙古东北部第四积温带、第五积温带以及吉林东部山区，≥10℃积温在1 900～2 300℃。北方农牧交错区为连接农业种植区和草原生态区的过渡地带，涉及黑龙江、吉林、辽宁、内蒙古、山西、河北、陕西、甘肃等省份，属于半干旱半湿润气候区。

三、六大分区

通常，我国将玉米种植区划分为6个，如图1-2所示，左侧3个区为玉米主区，种植面积和总产量约占全国的3/4以上，右侧3个区为副区，玉米种植面积较小。

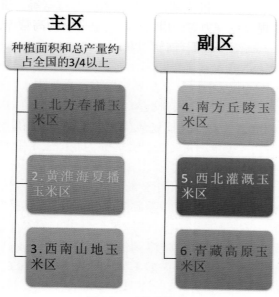

图1-2　玉米种植区

1.北方春播玉米区　北方春播玉米区，又称东华北春播玉米区，属寒温带湿润、半湿润气候。本区范围自北纬40°的渤海岸起，经山海关，沿长城顺太行山南下，经太岳山和吕梁山，直至秦岭北麓的以北地区；包括黑龙江、吉林、辽宁、宁夏和内蒙古的全部地区，以及山西的大部分地区，河北、陕西和甘肃的小部分地区。该区冬季气温低，夏季平均气温在20℃以上；≥0℃的积温2 500 ～ 4 100℃，≥10℃积温2 000 ～ 3 600℃；无霜期130 ～ 170d；全年降水量400 ～ 800mm，60%集中在7—9月。大部分地区温度适宜，日照充足，对玉米生长发育极有利，是我国主要玉米产区之一，玉米种植面积约占全国玉米种植总面积的30%，总产量约占全国的35%。玉米主要种植在旱地上，灌溉地玉米面积不足1/5，基本上为一年一熟制。

2.黄淮海夏播玉米区　黄淮海夏播玉米区属暖温带半湿润气候。本区范围南起北纬33°的江苏东台，沿淮河经安徽至河南，入陕西沿秦岭直至甘肃省;包括山东、河南的全部地区,河北的大部分地区,山西中南部,陕西关中和江苏徐淮地区。该区气温较高,年平均气温10～14℃,≥0℃积温4 100～5 200℃,≥10℃积温3 600～4 700℃;无霜期从北向南170～220d,日照时数2 200～2 800h;全年降水量500～800mm,由北到南递增。自然条件对玉米生长发育极有利,是全国玉米最大的集中产区。玉米播种面积约占全国玉米种植面积的40%,总产量约占全国的50%。

3.西南山地玉米区 西南山地玉米区属温带和亚热带湿润、半湿润气候。本区包括四川、云南、贵州的全部地区,陕西南部和广西、湖南、湖北的西部丘陵地区以及甘肃省的一小部分地区。本区约90%的土地为丘陵山地和高原,河谷平原和山间平地仅占5%,海拔200～5 000m,雨量丰沛,水热资源丰富,光照条件较差,各地气候随海拔不同有很大变化。除部分高山地区外,无霜期240～330d,4—10月平均气温在15℃以上,全年降水量800～1 200mm,多集中在4—10月,有利于多季玉米栽培。全年阴雨天气在200d以上,经常发生春旱和伏旱。病虫害的发生比较复杂且严重。云贵高原地势垂直差异很大,土壤贫瘠,耕作粗放,玉米产量较低。此区亦为我国玉米主产区之一,种植面积约占全国玉米种植面积的20%。

4.南方丘陵玉米区 南方丘陵玉米区北与黄淮海夏播玉米区相连,西接西南山地玉米区,东部和南部濒临东海和南海,包括广东、海南、福建、浙江、江西、台湾等省份的全部地区,江苏、安徽的南部,广西、湖南、湖北的东部,属亚热带和热带湿润气候。本区气温较高,降水充沛,霜雪很少,无霜期为220～365d,一般3—10月平均气温20℃左右,年降水量1 000～1 800mm,分布均匀,雨热同期,全年日照时数1 600～2 500h,一年四季都可以种植玉米。但因本区降水较多,气候湿润,种植水稻产量较高,是我国水稻的主要产区,故玉米种植面积变化幅度较大,产量很不稳定。除在丘陵旱地种植少量春玉米和夏玉米外,也是我国秋玉米、冬玉米的主要种植地区。该区玉米种植面积较小,约占全国玉米种植面积的5%。

5.西北灌溉玉米区 西北灌溉玉米区包括新疆的全部地区和甘肃的河西走廊以及宁夏河套灌区。本区属大陆性干燥气候,降水稀少,种植业完全依靠融化雪水或河流灌溉系统。无霜期一般为130～180d,少数地区在200d左右,日照时数2 600～3 200h,≥0℃积温3 000～4 100℃,≥10℃积温2 500～2 600℃,新疆南部地区积温达4 000℃。本区热量资源丰富,昼夜温差较大,对玉米生长发育和获得优质高产玉米极有利。但气候干燥,全年降水量多在200mm以下,不能满足玉米最低限度的水分需要,是玉米生产发展的限制因子。该区历史上基本不种植玉米,但自20世纪70年代以来,该区农田灌溉面积增加,玉米种植面积逐渐扩大。目前,本区种植业的特点是灌溉农业系统较发达，部分地区依靠融化雪水灌溉农田，水源可靠，农作物产量水平较高。在新疆绿洲扇形冲击地边缘发展一部分春玉米，少部分地区实行小麦、玉米套种或复种。本区是我国重要农牧区之一，每年需要大量玉米用作饲料，应适当扩大玉米种植面积。现有玉米种植面积占全国玉米种植面积的2%～3%。

6.青藏高原玉米区 青藏高原玉米区包括青海和西藏，玉米播种面积最小，仅占全国2%，是我国重要的牧区和林区。本区海拔较高，地形复杂，气候差别很大，高寒是其气候的主要特点；低地温，最热月平均温度低于10℃，甚至低于6℃，农作物难于成熟；仅在东部及南部海拔4 000m以下地区，≥10℃积温可达1 000～1 200℃，一般可种植耐寒喜凉作物；雨量分布不匀，南部在1 000mm以上，北部不足500mm。西藏南部河谷地区，降水较多，可种植水稻、玉米等喜温作物。本区光热资源丰富，日照时数为2 400～3 200h，平均气温日较差在14～16℃，极少出现抑制光合作用的高温，因而植物的光合作用强度大，净光合效率高，有利于干物质的积累，是我国重要的牧区和林区。玉米是本区新兴的农作物之一，栽培历史很短，种植面积不大。根据近年来的生产情况，玉米产量较高，发展前景较好。玉米栽培制度除海拔较低地区有部分二年三熟制外，主要是一年一熟制，生长期为120～140d。青海玉米多分布在东部农业区的民和回族土族自治县、循化撒拉族自治县、贵德县、乐都区、西宁市等地，西藏玉米多分布在海拔较低、气候温暖的亚东县、拉萨市等地。

第三节 产业分析

一、产业发展

玉米栽培历史悠久，综合利用水平高，产业链条长，带动范围广，是世界第一大作物，是我国种植面积最大的作物。2016年，全国玉米逐步调减种植面积，以便减少国储库存，同时提高大豆的播种面积。2019年，全国玉米播种面积达到4 128.0万hm²，比上年减少约85.0万hm²，下降2%；全国玉米种植产量达26 077万t，比上年增加约359.61万t，增长1.4%。玉米种业是玉米产业的"芯片"，2019年，全球玉米种子市值约为159亿美元，占全球种子市场份额的近40%。我国玉米种子市值约为285亿元，占全国种子市场份额的近23%。北京是全国玉米种业科技创新的高地，玉米种子销售占全市农作物种子销售总额的45%以上，占全国玉米种子销售总额的15%以上，拥有57家玉米种子企业，并有多家大型农业企业，产业联动效应显著，引领作用强。

据海关总署发布的统计数据显示，2019年，我国玉米消费总量约2.9亿t。

其中饲料消费占消费总量的67%左右，深加工消费占26.5%左右，而食用消费仅占6.4%左右；并推动了养殖、化工、发酵、食品、医疗、健康等高附加值产业的发展，服务近万亿级市场，带来巨大的经济效益和社会效益，具有显著的战略地位。2020年11月，我国玉米进口量为123万t，同比提高11.3倍；1—11月的进口总量为904万t，同比提高122.7%。国家统计局数据显示，2020年我国玉米播种面积为4 126.4万 hm^2，产量为2.606 7亿t。

二、产业现状

目前，我国种业自主创新与发达国家有一定差距，一些领域（品种）和环节，如果出现极端断供情况，虽然不会"一卡就死"，但会影响农业发展的速度、质量和效益。我国农作物自主选育品种面积占比超过95%，水稻、小麦两大口粮作物品种实现了100%自给，玉米、大豆等种源立足国内有保障。目前外资企业占我国种子市场份额的3%左右，进口种子占全国用种量的0.1%。因此，我国种子供应总体上有保障且风险可控。

2021年，我国玉米价格创下历史新高，主要原因是国内养殖业从非洲猪瘟疫情中复苏，对动物饲料的需求持续增长；同时，我国通过拍卖会销售了大部分临储玉米库存，这促使我国玉米进口量达到创纪录水平，玉米进口量过高。

三、产业前景

中央经济工作会议提出解决好种子和耕地问题，核心逻辑是保障国家粮食安全，关键在于落实"藏粮于地、藏粮于技"的战略。我国将提高玉米播种面积，扭转持续数年播种面积下滑的势头，以填补国内不断扩大的供应缺口。我国将重点扩大东北地区以及黄淮海地区的玉米播种面积，这也是确保国家粮食安全的综合计划的一部分。种子是农业的"芯片"，耕地是粮食生产的"命根子"，只有把这两个要害抓住了，才能从根本上确保国家粮食安全。目前，我国粮食产量应稳定在13 000亿斤*以上，并力争稳中有增，即做到"两稳一增"，其中"两稳"是指稳口粮、稳大豆，"一增"是指增玉米。

我国将加快启动实施种源"卡脖子"技术攻关，保持水稻、小麦等品种的竞争优势，缩小玉米、大豆等品种与国际先进水平的差距，确保"中国碗"主要装"中国粮"，"中国粮"主要用"中国种"。

---

* 斤为非法定计量单位，1斤=0.5kg。——编者注

第二章
高效生产技术

第一节 播 种

一、选种

粮食要高产，选种是关键，良种是作物丰产、稳产的基础保障（图2-1）。

图2-1 玉米种子

1.选择达标种子 在具备种子经营资格的店铺选购正规种子企业生产销售的、达到国家二级良种标准以上的品种；宜选择种子纯度不低于96%、净度不低于99%、发芽率不低于85%、水分含量不高于13%的品种。

2.选择"三证"齐全并通过省级、国家级审定的玉米品种 购种前，应查看种子标签或种子包装袋上是否标有"三证"号（种子生产许可证号、种子经营许可证号、种子检疫证明编号）及品种审定编号。正规合格的包装袋上应注明作物名称、种子类别和种子净含量。包装袋内或外应附有种子标签，标签上注明作物名称，种子类别，品种名称和品种审定编号，产地和生产时间，产地检疫证明或证书编号，种子净含量，种子质量（发芽率、纯度、净度和水分），生产商名称和生产许可证编号，联系地址和电话等内容。

3.选择分级合理、大小一致的玉米品种 在5叶1心期前，玉米植株所需营养成分大部分来自种子胚乳。若种子大小不均匀，会因所含养分不同，造成出苗不均匀，形成大小苗；后期可能造成大苗欺小苗，空秆率升高，小果穗数增多，导致减产。

4.选择包衣种子　种子包衣可综合防治苗期病虫危害、抗旱、防寒，确保"一播全苗"，培育壮苗，一般还可增产10%左右。种子包衣可减少苗后农药用量，促进生态保护，节约用种量，降低生产成本。

二、整地

1.概述　土壤是玉米生长发育的场所，根据种植习惯，一般在收秋种麦时，对大田进行耕地、翻地（图2-2）。为节约生产成本，可每3年深耕（约25cm）1次，整地作业符合《农业机械　安全　第5部分：驱动式耕作机械》（GB/T 10395.5—2021）的安全要求。

图2-2　深耕

2.深耕主要优点

（1）加厚耕作层、疏松通气。耕作层厚度与玉米根系数量、分布情况、活性大小等有密切关系。耕作层玉米根系分布最多，约占总根量的80%（图2-3）。深耕能加厚耕作层，稳定地温，降低土壤容重，增加土壤孔隙度和透气性，促使土壤中的水、肥、气、热充足且协调，为根系发育创造良好的土壤环境。这利于提高根系活性，促进根系发育（发达的根系有助于植株吸收水

图2-3　玉米根系

分、养分，增强植株抗倒伏能力）。

（2）增强土壤保水、排水性能。新翻上来的土层保水性能强，蓄水量大。深耕整地，可提高土壤保水性，减少雨水径流，减少地表积水，增强植株的抗旱防涝能力。

（3）提高保肥性。深耕能使下层有机质翻上来，增加耕作层土壤有机质含量，提高土壤保肥性。玉米植株需要的养分，一般60%～80%由土壤供给，20%～40%来自施用的肥料，深耕整地的同时施入基肥，能增加土壤蓄肥空间。

（4）降低病虫危害。深翻土壤，可把土表杂草和病虫深埋，减少病菌和虫卵的数量，降低病虫危害，有利于玉米生长发育和提高产量。

三、播种方式

1.概述　麦收后整地抢墒播种或麦收后不整地铁茬播种均可，可采用点播、耧播、机播等播种方式。其中，机播效率最高，点播多见于麦垄套种或试验田播种。铁茬播种的方法有玉米播种机播种、冲沟播种或挖穴点播。

2.技术要点

（1）行距要求。通常采用人工或机械方式，进行宽窄行或等行距直播。宽窄行播种的宽行为70～80cm，窄行为40～50cm；等行距播种的行距为60～67cm（图2-4）。

图2-4　宽窄行或等行距播种

（2）种肥同播技术。随着机械化程度的提升，机播日益普及。与传统播种方式相比，机械化作业可减少农耗、提高播种质量、保蓄土壤水分、提高土壤肥力、保护生态环境等。种肥同播技术要点：精量播种、异位施肥、镇压覆土一次完成，行距60cm，播种深度3～5cm（图2-5）。结合播种每亩[*]施复合肥（N：P：K = 28：10：12）40～50kg，施肥位置在种子侧面10～15cm、种子下面5～8cm。

---

[*]　亩为非法定计量单位，15亩=1hm²。——编者注

图2-5　玉米种肥同播

四、注意事项

（1）为保证玉米出苗质量、减轻苗期虫害，建议小麦收获的茬高低于15cm或小麦收获后进行灭茬处理。

（2）播种期宜选6月上中旬，严格按照所选品种适宜密度和播种量进行种植。

（3）要求底墒充足，足墒播种，墒情不足时注意及时浇灌"蒙头水"（玉米播后苗前浇灌的第一水，俗称"蒙头水"），确保"一播全苗"。

（4）播种后注意地老虎、金针虫、二点委夜蛾等害虫的防治。

第二节　排　灌

一、概述

玉米是需水比较多的经济作物之一，一般来说，生产1kg籽粒约耗水0.6m³。玉米（尤其是夏玉米）的生长周期处于一年中温度高、太阳辐射强烈的时期，其蒸腾作用旺盛，蒸腾率和地面蒸发量均较大，水分消耗多。

其中，蒸腾作用的定义为水分自土壤进入玉米根系，沿着茎秆而上进入叶片表面，通过叶片气孔扩散到空气中；这种连续不断的单向流动，称作蒸腾作用。蒸腾率是指水从叶片气孔扩散到大气中的速度。蒸腾率与叶片接受的太阳辐射能成正比，太阳辐射能大，蒸腾率也大，扩散到空气中的水分也多。

二、需水特点

苗期植株比较耐旱，需水量少，怕涝不怕旱，涝害轻则影响植株生长，重则造成死苗；轻度的干旱，有利于根系发育和下扎。拔节期需水量明显增加。抽穗期前后植株需水量达到最高峰。进入乳熟期后，需水量明显减少，但仍比苗期多，此后越来越少，直至完熟期，需水逐步停止。

1.播种到出苗阶段 此阶段需水量少，占总需水量的3.1%～6.1%。土壤田间持水量达到70%左右即可保证全苗，水分太少则出苗率下降。田间墒情不足时，应在播种后立刻浇灌"蒙头水"，保证玉米正常出苗。麦套玉米墒情不足时，也可浇灌"麦黄水"（其他情况一般不提倡）造足底墒，促进两季双丰收。灌溉水质应符合《农田灌溉水质标准》（GB 5084—2021）。

2.苗期阶段 出苗到拔节期间，植株矮小，生长缓慢，需水量小。该阶段的生长中心是根系，要保持地表土层疏松透气，表层土壤水分不宜过多，下面土层较湿润即可，土壤水分宜控制在田间持水量55%～60%。此期土壤水分太多，不利于根系下扎，根系吸水、吸肥范围减小，根系分布在耕作层内，不利于培育壮苗。

3.拔节孕穗阶段 土壤水分保持在70%～75%为宜。植株生长进入旺盛阶段，营养生长和生殖生长同时进行，植株各方面生理活动机能增强，生物量急剧增加，雌雄穗开始分化和形成，叶面蒸腾作用强烈，生理代谢活动加剧，干物质积累增加，需水量大，占总需水量的40%～50%。若此阶段干旱，营养物质合成受阻，植株温度升高，呼吸作用增强，会大量消耗自身养分。因此，要保证灌水充足，促进肥料溶解、养分运转、根部吸收，增强蒸腾作用（热量会随叶面蒸腾散失，起到调节植株温度的作用）。尤其是进入大喇叭口期后，果穗开始发育，小花分化，对水分需求更大，易出现"卡脖旱"。水分不足会引起小穗小花数目减少、花粉粒发育不健全，造成雌雄穗花期不育。

4.抽雄开花阶段 该阶段玉米植株新陈代谢最旺盛，需水量最大，每日每亩需水量约3.5t，田间持水量应维持在70%～80%。此期干旱常使花粉活力降低、花丝活力下降，造成果穗结实不良。生产上有"开花不灌、减产一半""前旱不算旱、后旱减一半"等俗语。满足水分供应，可促进散粉吐丝，提高花丝黏着性，增强花粉和花丝活力，提高授粉质量，减少籽粒败育，提高结实率和千粒重；也可提高株间空气相对湿度，促进光合作用，促进干物质积累和营养物质转运。

5.灌浆至成熟阶段 灌浆期是产量形成的主要阶段，需水量占总需水量的20%～30%，田间持水量应维持在70%左右。只有土壤水分充足，茎叶中所积累的光合产物才能顺利地输送到籽粒中，保证籽粒正常灌浆，提高结实率和千粒重。缺水则造成叶片早衰，光合物质减少，产生秕粒，导致减产。灌浆以后进入成熟阶段，籽粒基本形成，需水量减少，此时虽然光合作用较强，但细胞分裂和生理活动逐渐减弱，主要进入干燥脱水过程，仅需适当保持土壤湿润，以促进籽粒最终成熟。

三、灌溉方式

玉米常用的灌溉方式有3种，分别为漫灌、喷灌、滴灌；此外，还有皿灌、机灌（图2-6）。

图2-6　灌溉方式

1.漫灌　漫灌即大水漫灌。一般利用渠沟、农用灌溉水带等，把水引到地里，自由流淌，浇完一垄（畦）换另外一垄（畦）。浇灌的均匀程度不同，接近水口处、地势低洼处浇水量大，地势较高处则不易浇透。缺点是在水口处，会因水流太急冲乱播种行，造成土肥流失。这是最常见的灌溉方法，也是最浪费水的一种。

2.喷灌　喷灌是一种借助一定的压力使水经田间的管道、喷头等喷灌系统，喷向空中，经拨打或自然散成细小的水珠，像降雨一样均匀地喷洒在植株和地面上的灌溉方法。其主要优点是节约水。喷灌不受地形限制，基本上不产生深层渗漏和地面径流，浇灌均匀，效率更高。与漫灌相比，喷灌能节约用水30%～50%，在透水性强、保水力差的沙质土壤地区，可节水70%～80%。喷灌也可改善玉米生长发育的条件。喷灌的灌水量较小，不易破坏土壤结构，给玉米根系生长营造了一个良好的土壤环境。喷灌可增加空气相对湿度，降低气温，防止出现"晒花"现象；在水温低于气温时，水可在空气中加温，起到增加地温的作用。但喷灌设备投资高，风速大于3级时会影响灌溉质量。喷灌每次喷水量以30～40mm为宜，低产田喷灌次数可少些，高产田可相对多些。

3.滴灌　滴灌是一种利用滴灌设备（滴头或者其他微水器），将水源输送到田间每个植株的根部，以点滴状态缓慢地、持续地浸润玉米根系的灌溉过程，是目前最节约水的一种灌溉方式。其主要优点是均匀度高，把水直接送到玉米根部耕层土壤，避免因渗漏、棵间蒸发、地面径流等造成损失，比一般喷灌节水30%以上；滴灌的水滴对土壤的冲击力小，不易破坏土壤结构，能使根系一直处在比较适宜的环境中，有利于植株生长发育。但购买滴灌设备会增加生产成本，有条件的可以尝试。

4.皿灌　皿灌是指用器皿装水、盖紧，埋于土中，在器皿周围种上玉米。利用器皿的外渗性，湿润土壤，给周围的玉米提供所需的水分。该办法需要埋较多的器皿。

5.机灌　机灌即利用一种小型的喷淋机（类似于打药的高架车），后面的水罐装水，在田间边走边喷水。此法效率不高，适用于周围没有灌溉条件、需要从其他地方取水灌溉的田块。

四、灌溉时间

灌溉时间的选择十分关键。在30℃的高温天气，若选择10：00—16：00给玉米灌水，会因太阳光照强、环境温度高、冷热反差较大，使玉米根系吸收水分的能力降低；且此时水分蒸发过快，玉米吸收不到足够的水分，土壤易形成板结，影响玉米的正常生长；田间作业人员身体易出现不适感，甚至中暑。因此，此时间段不宜灌溉。

选择傍晚进行田间灌水，灌溉效果较好。温度相对来说不高，水分蒸发慢，植株能吸收到足够的水分供其生长，土壤板结情况也会得到改善；同时对田间作业人员比较安全。

五、排水

玉米是需水量较多却不耐涝的作物，当土壤水分高于田间持水量的80%时，土壤中氧气含量不足，植株根系呼吸困难、活力下降、对矿物质的吸收受阻，叶片蒸腾失水量大，这不利于玉米正常生长发育。因此，雨后受淹地块，应立即清淤排水（图2-7）。我国南方普遍采用畦进行排水，北方地区则习惯采用垄进行排水。受淹面积较大的地块，可以用水泵进行排水。无法靠水渠排水的地块，可以进行人工排水或借助水泵排水。

图2-7　排水

六、注意事项

（1）在实际生产过程中，应根据植株发育状况、土壤墒情及当地、当时的天气情况来灵活掌握，科学灌溉。

（2）水源选择时，河水优先，然后是井水。不建议选择生活垃圾水（如地边小沟里面的"死水"），或者一些工业排放的污水（个别工业区存在乱排污水的情况，使水质受污染），不利于玉米正常生长发育。

（3）灌水深度要适度。浇水量少，则地表湿、下面干，起不到灌溉作用；灌水过量，则会造成涝渍。可根据灌溉时间或实地观察来判断，一般地表积水不下渗时，则表明土壤被浇透，灌水深度合适。

第三节　施　　肥

一、概述

玉米生长发育需要从土壤中吸收多种多样的矿物质元素，其中，以氮素最多，钾素次之，磷素最少。一般每生产100kg籽粒需从土壤吸收纯氮2.5kg、五氧化二磷1.2kg、氧化钾2.0kg，氮磷钾比例为1∶0.48∶0.8。

玉米在不同生育时期，对养分需求比例不同。从出苗到拔节，吸收氮素2.5％、磷素1.12％、钾素3％；从拔节到开花，吸收氮素51.15％、磷素63.81％、钾素97％；从开花到成熟，吸收氮素46.35％、磷素35.07％、钾素

0%。一般春玉米苗期（拔节前）吸收氮素仅占总吸收量的2.2%，中期（拔节至抽穗开花）占51.2%，后期（抽穗后）占46.6%；夏玉米苗期吸收氮素占9.7%，中期占78.4%，后期占11.9%。春玉米苗期吸收磷素占总吸收量的1.1%，中期占63.9%，后期占35.0%；夏玉米苗期吸收磷素占10.5%，中期占80%，后期占9.5%。春夏玉米对钾素的吸收量均在拔节后迅速增长，在开花期达到峰值，吸收速率大，易因供钾不足出现缺钾症状。

二、需肥特点

1.苗期 植株生长慢、个体小，吸收的养分少、吸收强度弱。随着幼苗的生长发育，对养分的消耗量不断增加，只有满足此期的养分需求，才能获得壮苗。玉米从发芽至3叶期前磷素不足，下部叶片便开始出现暗绿色，此后从叶缘开始出现紫红色；极端缺磷时，叶边缘从叶尖开始变成褐色，植株生长缓慢。玉米幼苗期缺钾，植株生长缓慢，茎秆矮小，嫩叶呈黄色或黄褐色。严重缺钾时，叶缘或顶端呈火烧状，应根据苗情喷施植物生长调节剂，长势弱的使用赤霉素，缩小单株间的差距；株高、穗位高的品种，或有徒长倾向的地块，应在拔节前3d喷施矮壮素。

2.穗期 玉米拔节期至开花期生长加快，雌穗和雄穗开始形成和发育，吸收养分的速度快、数量多、强度大。尤其是大喇叭口期，是玉米生长阶段重要的追肥时期。穗期吸收的氮素占整个生育期吸收氮素总量的1/3，磷素占1/2，钾素占2/3。此期营养供应充足，可使玉米植株高大、茎秆粗壮、穗大粒多。如果此时植株缺钾，玉米会生长缓慢，叶脉变黄，节间缩短，根系生长发育弱，植株矮小，易倒伏。此时缺氮会引起雌穗形成延迟，雌穗不发育，或穗小粒少。此时，应根据具体情况喷施矮壮素或尿素等叶面肥，有针对性地喷施含有所缺元素的溶液。

3.花粒期 此时玉米吸收养分速度减缓、吸收量减少，吸收氮素的比例增加，花粒肥的施用有助于高产。此期营养生长基本结束，进入生殖生长阶段，此期各养分的消耗量占其整个生育期的比例为：氮素1/5、磷素1/5、钾素1/3。玉米开花期植株内部的磷开始从叶片和茎内向籽粒中转移，如果此时缺磷，雌蕊花丝延迟抽出、受精不完全，会造成籽粒乱行。此时喷施草木灰浸出液，可防止穗部蚜虫，补充微量元素，但要严格控制浓度，浓度过高会灼伤叶片。还可喷施尿素、磷酸二氢钾等叶面肥。其中，灌浆开始后，籽粒中的蛋白质、淀粉和脂肪大量合成，玉米的需肥量又迅速增加。这一时期吸收的氮素和磷素分别占其整个花粒期吸收量的1/2和1/3。此时缺钾，果穗秃尖长，籽粒小，粒重轻，淀粉含量低，品质差；缺磷则造成成熟期延迟。可喷施草木灰浸出液、尿素、磷酸二氢钾等叶面肥，以补充玉米后期营养，提高果穗结实性，增加粒重。

三、肥料种类

肥料种类繁多，养分形态各异，生产工艺较多，肥效期长短不一，分类方式多样（图2-8）。按作物需养量，可分为大量元素肥料、中量元素肥料、微量元素肥料；按养分形态，可分为有机肥料、无机肥料、有机复合肥料、无机复合肥料、生物肥料；按肥效期长短及缓释技术，可分为速效肥料、缓释肥料、控释肥料、稳定性肥料等；按功能，可

图2-8　各种肥料

分为玉米生产常用的肥料（主要有复合肥料、有机肥料、生物有机肥料、生物肥料），以及在此基础上研制生产的新型肥料（缓释肥料、稳定性肥料、控释肥料、脲甲醛肥料、硫酸脲复合肥、水溶肥料等）。这里重点介绍几种常用的肥料。

1.有机肥料　有机肥料主要来源于动植物，常用的有畜禽粪便、草木灰。一般由动植物废弃物等生物物质加工而来，消除了其中的有毒有害物质，富含大量有益物质，多种有机酸、肽类以及氮、磷、钾等丰富的营养元素。有机肥料能为农作物提供全面营养，肥效长，可增加和更新土壤有机质，促进微生物繁殖，改善土壤的理化性质和生物活性，具有促进植物根系发达、秆壮、抗倒伏的作用。

2.氮素肥料（尿素）　尿素是一种中性肥料，由碳、氮、氧、氢组成，为白色晶体。其具有易吸收、见效快、易保存、使用方便、安全性高的特点，可与其他肥料和农药混合使用，是目前使用最广泛的一种氮素肥料。

3.复合肥料　复合肥料是由化学方法或混合方法制成的含作物营养元素氮、磷、钾中任意两种或三种的肥料（二元、三元复合肥），生产中宜结合测土配方技术科学使用复合肥料。常用的复合肥料有磷酸氢二铵、硝酸钾、磷酸二氢钾、硝酸磷等。复合肥料可提高茎秆的韧性和抗折能力，增强抗旱、抗倒伏能力，提高叶面细胞的密度和细胞壁的强度，减轻病害的发生并防止早衰，促进光合产物的合成，促使穗大粒多，一般每亩可增产10%～15%。

4.微量元素肥料　微量元素是植物体必需但需求量很少的一些元素。当这些元素在土壤中缺少或不能被植物利用时，植物生长不良；过多则又容易引

起植物中毒。在农业中，常以微量元素处理种子或根外追肥来提高作物产量。玉米在生长发育过程中，除需氮、磷、钾三大营养元素外，还需要硼、锌、锰、钼等多种微量元素。微量元素虽然用量甚微，但其作用不可代替，无论缺少哪一种微量元素，都会影响玉米的正常生长发育，成为玉米优质高产的限制因素。

四、施肥方式

以河南省为例介绍施肥方式（图2-9）。

（1）从生产力的角度出发，施肥方式主要有人工施、牛施、机施。三者相比，机施效率更高，肥料施用更均匀、施用量更标准，可有效避免漏施、重施。

图2-9　施肥

（2）从技术的角度出发，施肥方式主要有种肥同播、分期施肥等。目前，种肥同播的施肥方式因省时省工、节本高效而逐渐普及。

（3）从操作方法的角度出发，施肥方式主要有穴施、沟施，雨天或浇水时亦可进行撒施。

（4）从地域角度出发，施肥方式差异明显。在豫东、豫北平原潮土区，潮土土体构型差异较大，可以$1m^3$土体内的质地构型为样本，确定合理的施肥方式和肥料施用量。对于$1m^3$土体内质地构型下部黏性较重的中产地块，可采用一次性施肥技术，氮肥用量在原分次施肥的基础上，增加5%～10%，施用缓释肥料时可以适当调减肥料用量。对于有效磷含量高于25mg/kg的田块，当季可适当调减10%～20%磷肥用量。在豫中南、豫西南的砂姜黑土、黄褐土区，对于质地黏重的中高产地块，可采用一次性施肥技术；中低产田块氮肥分次施用，质地黏重的中产地块采用一次性施肥技术时，应在原分次施肥的基础上增加氮肥5%～10%。该区磷肥肥源宜采用钙镁磷肥，同时应减少双氯肥料的用量。酸化区域在调整施用碱性肥料的基础上，可适当调减5%～10%肥料用量，增施碱性有机肥时，可适当调减10%～20%化肥用量。在豫西北、豫北山地丘陵褐土、红黏土区，该区域内丘陵山区农业生产水利条件较差，主要依靠自然降水，水分是限制该地区肥效发挥的重要因素，可采用一次性施肥技术。该区域内的灌区可以采用分期施肥技术，分别在定苗后和小喇叭口期分2次进行施肥。该区含钾量丰富，对于速效钾含量高于130mg/kg的田块，可适当调减10%～20%钾肥用量。在沿淮砂姜黑土、黄褐土区，该区施用钾肥后，有明显的增产效果。高肥力地块可采用一次性施肥技术，其他地块宜采用分期施肥技术，于定苗后、小喇叭口期分2次进行肥料机械深施。

五、施肥误区

（1）不注重作物需肥规律和肥料功效，只注重施肥量。

（2）在农作物出现缺肥症状后，再进行施肥。

（3）认为只要农作物营养生长好，生殖生长期缺肥也能获得高产。

（4）施肥时，越靠近植株茎部，肥料越易被植株吸收利用。

（5）不了解实际地力水平，认为施肥配方一样，用量一样，施肥效果也会一样。

（6）不考虑综合收益，认为肥料价格贵，投入成本高。

（7）不从实际情况出发，认为选择贵的肥料就一定会取得好的肥效。

（8）认为施用复合肥后，就不需要施用别的肥料了。

（9）不注重施肥时期和肥料种类，认为肥料溶解越快，施肥效果越好。

（10）追肥时，习惯性地偏施氮肥。

六、注意事项

（1）一次性肥料施入技术，应选购正规厂家生产的玉米专用缓释型氮、磷、钾三元复合肥，严格按照种肥同播技术进行操作，肥料与种子分开（分行或分层）施用，施肥位置在种子侧面10～15cm、种子下面5～8cm，避免因距离过近肥料烧种造成缺苗或距离过远降低肥效。

（2）分期施肥技术的原则是"施足底肥，巧施苗肥，重施攻穗肥"。

（3）距离适宜。一般距地表10～18cm（施肥深度根据播种肥、施肥机具确定），距玉米行、条带15～20cm。

（4）严覆。不管是种肥同播还是分期施肥，要做到覆土严实，肥料不裸露，以减少肥料挥发造成的损失。

（5）施肥以氮、磷、钾为主，微肥为辅，主要依据每百千克籽粒需要量、目标产量水平、土壤肥力、施肥时期等来综合确定。

（6）肥料混用或叶面喷施时，应注意肥料的酸碱性。如草木灰碱性强，与铵态氮肥混用易分解，降低肥料利用率；叶面肥多呈酸性，也有中性和碱性，与农药混用不当会降低效能。

（7）低洼易涝区应及时进行田间排水，防止形成涝渍灾害，避免肥料养分随水下渗，造成损失。

第四节　除　　草

一、杂草种类

玉米田一年生杂草主要有马唐、牛筋草、狗尾草、狗牙根、马齿苋、反枝苋、刺苋、藜、小藜、灰绿藜、刺藜、苍耳、苘麻、龙葵、猪毛菜、青蒿、地肤、野西瓜苗等（图2-10），多年生杂草有葎草、田旋花、香附子、芦苇等。

图2-10　马齿苋、狗尾草

二、杂草防控

1.除草剂　莠去津（阿特拉津）、烟嘧磺隆、硝磺草酮、异丙草胺、乙草胺等。

2.喷药工具　背负式喷雾器、手推式打药机、自走式打药机等。

3.防控原则　综合防控、治早治小、减量增效。

4.防控技术

（1）苗前除草。即封闭除草，通常应用的是位差原理。苗前除草剂一般通过杂草的幼芽吸收发挥作用，根很少吸收。药剂在表层土壤1～2cm，通过生成的药膜来杀死或抑制表土层中能够萌发的杂草种子，作物种子因有覆土层保护，可正常发芽生长。一般应在播种后5d内喷药，若玉米出苗，则不宜喷药。严格控制用药量，不可随意加大或减少用量，否则易出现药害或降低除草效果。单一除草剂进行苗前除草效果不理想，混合使用可提高除草效果，常用的混剂组合有乙草胺＋莠去津、异丙草胺＋莠去津、丁草胺＋莠去津。

（2）苗后除草。见草用药，有针对性，除草效果好，节本增效，逐渐被种植户认可和应用。用药时期为：玉米3～5叶期（展开叶）、杂草2～6叶期。此期，玉米抗性高，不易出现药害；杂草有了一定的着药面积且抗性低，除草效果显著。玉米在2叶期以前、5叶期以后对药剂较敏感，易发生药害。玉米3～5叶期可以整个田间喷雾，5叶期后喷药，要放低喷头，围着玉米植株喷，防止药液灌心引起药害。玉米苗后在除草剂喷施之后需要2～6h的吸收过程，药效好坏与气温和空气相对湿度有关。高温、干旱且光照强时，药液挥发快，杂草体内吸收的药量少、药效低，玉米苗也易发生药害。宜选择晴朗无风的天气，气温在20℃左右，空气相对湿度在60%以上，施药后6～12h内无降雨，10：00前、15：00后可以喷药。在18：00以后喷药效果更好，此时施药的气温较低，空气相对湿度较大，药液在杂草叶面停留时间较长，杂草能充分地吸收除草剂，保证了除草效果；18：00以后用药还可显著提高玉米苗的安全性，不易发生药害。施药后，玉米叶片有轻度褐绿色黄斑，但能很快恢复正常。

三、补救措施

玉米发生除草剂药害时，主要是通过改善作物生长条件，促进作物生长旺盛，增强其抗逆能力等方式进行补救。具体措施要根据实际情况灵活掌握。

（1）根据药害程度分别采取相应的补救措施。如果药害非常严重，会对产量造成较大影响。在不误农时的情况下，应立即毁种，改种其他作物，以降低损失。如果药害不太严重，通过补救措施即可恢复正常生长。可在出现药害症状初期，补施一些氮肥、磷肥、钾肥或其他微肥，喷施植物生长调节剂等缓解药害，使受害植株尽快恢复生长。其中，叶面施肥见效快、效率高。同时，要采取耕作措施，疏松土壤，提高地温和土壤通气性，达到助长、助壮、促进根系生长的目的。

（2）地面有积水，要及早排除；发生病虫害，应及早防治。利于作物生长发育的措施，都有利于缓解药害，减少损失。

四、注意事项

（1）除草剂禁止与有机磷类杀虫剂混用，喷施除草剂前后1周左右不能喷施有机磷类杀虫剂。如要混用，应选择拟除虫菊酯类杀虫剂、阿维菌素等农药。

（2）种植户在使用玉米除草剂时，要根据药品说明或者在技术员指导下进行用药，以防发生药害影响产量。

第五节　虫害防控

一、虫害种类

玉米主要虫害有地老虎、蝼蛄、蛴螬、金针虫、蓟马、甜菜夜蛾、二点委夜蛾、草地贪夜蛾（图2-11）、棉铃虫、黏虫、玉米螟、蚜虫、灰飞虱、叶蝉、叶螨（红蜘蛛）、铁甲虫等。

大白斑
楔形纹
雄虫　　雌虫

化蛹后
10d
化蛹后
7d
化蛹后
2d
化蛹后
1d

4个黑点排列成方形

倒Y形纹

图2-11　草地贪夜蛾

二、虫害防控

1.杀虫剂　甲氨基阿维菌素苯甲酸盐、苏云金芽孢杆菌、氯氟氰菊酯、阿维菌素、虫螨腈、虱螨脲、茚虫威、噻虫嗪、吡虫啉、辛硫磷等。

2.喷药工具　背负式喷雾器、手推式打药机、自走式打药机、无人机等（图2-12）。

3.主要虫害防治技术

（1）玉米螟。秸秆粉碎还田，减少虫源基数；越冬代成虫羽化期

图2-12　无人机飞防

使用杀虫灯结合性诱剂诱杀；成虫产卵初期释放赤眼蜂灭卵；心叶末期喷洒苏云金芽孢杆菌、球孢白僵菌等生物农药，或选用氯虫苯甲酰胺、高效氯氟氰菊酯、甲氨基阿维菌素苯甲酸盐等杀虫剂喷施（图2-13）。

图2-13　玉米螟及其为害状

（2）棉铃虫。产卵初期释放螟黄赤眼蜂灭卵，或卵孵化盛期选用苏云金芽孢杆菌、甲氨基阿维菌素苯甲酸盐、氯虫苯甲酰胺等喷雾防治。

（3）黏虫。成虫发生期，集中连片使用杀虫灯，傍晚至翌日凌晨开灯。及时清除田边杂草，幼虫3龄之前施药防治，可选用甲氨基阿维菌素苯甲酸盐、氯虫苯甲酰胺、高效氯氟氰菊酯等药剂。

（4）地下害虫及蓟马、灰飞虱、甜菜夜蛾等害虫。利用含有噻虫嗪、吡虫啉、氯虫苯甲酰胺、溴氰虫酰胺和丁硫克百威等成分的种衣剂进行种子包衣。

（5）双斑长跗萤叶甲。在玉米吐丝授粉期，花丝上平均单穗超过5头时就要进行防治，选用吡虫啉、噻虫嗪、高效氯氟氰菊酯、氯氰菊酯杀虫剂喷施，直接将药液喷在果穗花丝上。喷药时间选在10∶00前和17∶00后。

（6）蚜虫。在蚜虫常年发生重的地区，利用噻虫嗪种衣剂包衣，对后期玉米蚜虫具有很好的控制作用；玉米抽雄期，蚜虫盛发初期喷施噻虫嗪、吡虫啉、吡蚜酮等药剂（图2-14）。

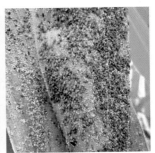

图2-14　蚜虫

（7）叶螨。播种至出苗前，清除田边地头杂草。玉米叶螨点片发生时，选用哒螨灵、噻螨酮、炔螨特、阿维菌素等喷雾防治，重点喷洒田块周边玉米中下部叶背及地头杂草。

（8）二点委夜蛾。深耕冬闲田，播前灭茬或清茬，清除玉米播种沟上的覆盖物；或在播种机上配置清垄器，播种时直接清除播种沟上的覆盖物；利用含有丁硫克百威、溴氰虫酰胺等药剂成分的种衣剂进行种子包衣。应急防治可选用氯虫苯甲酰胺、甲氨基阿维菌素苯甲酸盐等，可采用喷雾、毒饵诱杀或撒毒土等方式。

三、注意事项

（1）害虫防控关键期。定苗（5叶1心期）前后、拔节期、抽雄吐丝期。

（2）害虫防治应采用综合防治技术，即选种、轮作、水肥管理、生物防治、化学防治等相结合。

（3）尽量减少农药使用量，节约生产成本，保护生态环境，减缓甚至防止害虫产生抗性。

第六节　病害防控

一、病害种类

玉米生产中主要病害有苗枯病、根腐病、矮花叶病、粗缩病（图2-15）、褐斑病、大斑病、小斑病、灰斑病、弯孢霉叶斑病、纹枯病、南方锈病、茎腐病、瘤黑粉病、丝黑穗病、穗腐病（图2-16）等。

图2-15　玉米粗缩病

图2-16　玉米穗腐病

二、病害防控

1.喷药工具　背负式喷雾器、手推式打药机、自走式打药机、无人机等。

2.主要病害防治技术

（1）玉米叶斑类病害。选用抗病品种，合理密植，科学施肥。在玉米心叶末期，选用苯醚甲环唑、烯唑醇、吡唑醚菌酯等杀菌剂喷施，根据发病情况隔7～10d再喷1次，褐斑病重发区在玉米8～10叶期用药防治。

（2）玉米纹枯病。选用抗病品种，合理密植。发病初期剥除茎基部发病叶鞘，喷施生物农药井冈霉素A，或选用菌核净、烯唑醇、代森锰锌等杀菌剂喷施，根据发病情况隔7～10d再喷1次。

（3）根腐病、丝黑穗病和茎腐病等。选用抗病品种，选用含有苯醚甲环唑、吡唑醚菌酯或戊唑醇等成分的种衣剂进行种子包衣。

三、病虫害专业化统防统治技术

生产上，推广使用病虫害专业化统防统治技术，防治效果较好。

1.秸秆处理、深耕灭茬技术　采取秸秆综合利用、粉碎还田、深耕土壤、播前灭茬（小麦留茬高度大于15cm时）等技术，破坏病虫适生场所，减少病虫源基数。

2.种子处理技术　根据地下害虫、土传病害和苗期病虫害种类，选择适宜的种衣剂对种子包衣。

3.成虫诱杀技术　在害虫成虫羽化期，利用其趋光性、趋化性，采用黑光灯、性诱剂、糖醋液等防治害虫。对玉米螟越冬代成虫可结合性诱剂诱杀。

4.苗期害虫防治技术　根据苗期二代黏虫、蓟马、灰飞虱、甜菜夜蛾、棉铃虫等发生情况，选用甲氨基阿维菌素苯甲酸盐、氯虫苯甲酰胺等杀虫剂喷雾防治。已使用烟嘧磺隆除草剂的地块，避免喷施有机磷农药，以免发生药害。

5.中后期病虫防治技术　心叶末期，喷洒苏云金芽孢杆菌、球孢白僵菌等生物制剂防治玉米螟幼虫；根据中后期叶斑病、穗腐病、玉米螟、棉铃虫、蚜虫等病虫害发生情况，合理混喷杀菌剂和杀虫剂，控制后期病虫危害。采用高秆作物喷雾机和无人机喷雾防治，提高防控效果。

6.赤眼蜂防治技术　在玉米螟、棉铃虫、桃蛀螟等害虫产卵初期至卵盛期，每亩放蜂1.5万～2万头，每亩设置3～5个释放点，分2次统一释放（图2-17）。不同地区应选用当地优势蜂种，提高防效。

图2-17　纸质袋式放蜂器

第七节 收 获

一、普通玉米收获时期

1.成熟标准 玉米的成熟期需经历乳熟期、蜡熟期、完熟期3个阶段，进入完熟期即可收获。依据农业农村部黄淮海区玉米主推技术——夏玉米精量直播晚收高产栽培技术，可根据籽粒的乳线或黑层来判断籽粒成熟度，当玉米苞叶枯黄松动、籽粒脱水变硬且乳线消失、籽粒基部出现黑层时，即达到完熟期（图2-18）。

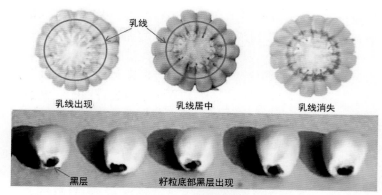

图2-18 玉米乳线和黑层

2.晚收建议 种植户在生产中习惯性早收，在苞叶刚变白时就跟风收获，这不利于增产。应在不延误小麦正常播种的情况下，尽量晚收，以保证籽粒充分灌浆、成熟。建议在苞叶枯黄松动后，延迟10d收获。

3.晚收益处 增产（产量提高10%～15%），增效（降低收获成本），易于晾晒，提高玉米籽粒品质（减少黄曲霉毒素、呕吐毒素含量），利于秸秆还田，种养结合。

二、特用玉米收获时期

1.鲜食玉米 乳熟末期，含水量达到60%～65%，花丝稍干，手握果穗有紧实感，用指甲掐时玉米粒有丰富乳汁外流，籽粒味甜鲜嫩时采收为宜（图2-19）。通常，玉米在抽雄3d后花丝完成授粉，以此为依据确定采收期。春播糯玉米在抽雄后25d左右采收，秋播糯玉米在抽雄28d左右采收；春播甜玉米在抽雄22d左右采收，秋播甜玉米在抽雄后24d左右采收。采摘时，雄穗顶端

图2-19　鲜食玉米

开始变枯，枯萎部分不超过雄穗的50%，若雄穗尚未变色，则未到采收适期。未授粉的玉米花丝呈鲜红色，授粉后花丝颜色渐渐变深，若花丝变色程度不同，可分批采收。田边玉米植株的光、温、气等优势条件比田中绝大部分的植株要早熟3d左右，可据此推断大田玉米的采收期。实际生产中，要根据气候情况、市场销路、劳力转运、加工能力、秸秆利用等情况综合考虑，灵活掌握。鲜果穗速冻加工的要比直接上市销售的再"老"一些，迟约2d采收。鲜果穗采收后，当日即送厂加工或上市销售，尽量不隔夜；若隔夜上市销售，则应在傍晚前采收。

图2-20　青贮玉米收获

2.青贮玉米　选择晴朗天气，露水干后进行收获（刈割）。较好的收获期是乳熟后期至蜡熟初期，含水量为65%～75%，干物质含量达到30%以上（图2-20）。茎叶尚绿，穗须变黑，籽粒有浆变硬。以籽粒乳线位置作为判别标准，乳线距籽粒顶部1/3至1/2时宜采收。收获过早，植株含水量高、干物质低，制出的青贮料偏酸，酒香味不足，适口性差，会引起酸中毒；收获过晚，酸性洗涤纤维增高、消化吸收率降低，同时因水分降低，不易压紧，导致青贮发霉变质，品质下降。青贮玉米一旦收割，应在尽量短的时间内完成青贮，不可拖延时间，避免因降雨或本身发酵造成损失。

三、籽粒机收技术

1.概述　玉米是我国种植面积最大、总产量最多的粮食作物。长期以来，我国玉米机收以穗收为主，收获模式多为摘穗、晾晒、脱粒、入库，费工费时，还存在存放难、脱粒难、霉变概率增大等问题。在玉米生产规模化、集约化的趋势下，籽粒机收势在必行（图2-21）。

2.技术进展　自2018年起，农业农村部立项将玉米籽粒机收技术作为重

图2-21 玉米籽粒机收

大引领性技术，进行联合攻关和试验示范。到2020年，玉米籽粒机收技术的应用面积已经超过140万hm²。籽粒机收是玉米生产方式的重大变革，是玉米产业发展的方向引领，要求种、机、技联合协作攻关，是实现玉米产业高质量发展的必由之路。在2018—2019年，玉米籽粒低破碎机械直收技术连续入选全国农业十大引领性农业技术之一。此项技术于2015年起，由全国农业技术推广服务中心牵头组织技术集成示范推广，在东北和黄淮海两大玉米主产区同时开展。

目前，已集成一套"收获期玉米籽粒含水量低、田间倒伏率低、机械收获玉米籽粒破损率低"的"三低"玉米籽粒机收技术体系，能有效满足减少损耗、提高效率、节约用工等生产需求，解决了玉米全程机械化的重要瓶颈问题。

3.粒收技术体系

（1）技术要求。玉米籽粒机收技术核心在于农艺农机融合，是一项涉及农机、品种、栽培、收储、烘干、销售的系统工程。实际生产中，需要综合玉米籽粒含水量低、田间倒伏倒折率低和籽粒机收破损率低的"三低"综合技术生产体系以及品种选择，收获机械选择，田间栽培管理，植保土肥技术，烘干设施条件等方面的配套综合技术。

（2）质量要求。降低籽粒破损率。籽粒破碎率、杂质率和田间损失率是评价玉米机械粒收质量的主要指标，应选择作业指标符合《玉米收获机械》

（GB/T 21962—2020）规定的收获机进行收获。籽粒破碎不仅造成玉米收获损失，降低玉米等级和销售价格，而且增加了烘干成本和安全贮藏的难度，成为我国玉米机械粒收技术推广的重要限制因素。因此，破碎率高是当前机械粒收需要重点解决的核心问题。

（3）品种要求。玉米籽粒机收的关键制约因素是品种。在我国许多玉米产区，生育期偏长，收获时籽粒含水量偏高（通常在30%～40%），活秆成熟的现象较为普遍。这不利于玉米进行机械粒收，易在堆积晾晒过程中产生霉变，会降低玉米商用品质。实际生产中，要选购种植早熟、籽粒脱水快、收获时含水量低的宜机收玉米品种。

（4）田管要求。机械粒收对玉米倒伏有更高的要求。倒伏不仅造成落穗损失，也增加收获难度，影响机械收获速度，降低玉米生产效益，影响种植户对玉米机械粒收技术的采用。机械粒收玉米对茎腐病、穗腐病、玉米螟等主要病虫害防控有更高的要求。茎腐病使玉米维管束的纹孔膜堵塞而出现萎蔫症状，茎秆组织变得软弱甚至腐烂，极易造成茎折。提高玉米中后期根系和茎秆活力，保持茎秆一定的糖分含量，有助于减缓茎腐病发生。玉米螟钻蛀茎秆，易使茎秆发生折断，钻蛀穗柄则造成落穗损失。穗腐病会随粒收过程污染收获籽粒，影响玉米品质。

（5）水分要求。水分偏高是导致我国玉米机械粒收破碎率高的主要原因。相关分析表明，籽粒破碎率、杂质率、落粒量与含水率之间均呈极显著正相关。因此，收获时籽粒水分含量是影响玉米机械粒收质量、安全贮藏和经济效益的关键因素，已经成为一项重要的经济性状。玉米籽粒收获时，籽粒含水量在18%～23%时适合机械粒收，相比摘穗剥皮型玉米收获机晚10～15d作业。

（6）机械要求。除水分因素外，不同收获机械及其作业也是导致籽粒破碎率、杂质率和损失率差异的重要因素，要选用合适的玉米籽粒联合收获机械。研究表明，不同类型收割机其滚筒转速、凹板间隙、振动筛孔大小和清选风机风力大小等机械参数不同会导致不同的破碎率；同一型号的收割机，因不同机器的间隙设置等参数不同，也会产生不同的破碎率。因此，加强收获机驾驶人员的操作培训，选用适合的收获机械，根据收获地块玉米的品种、长势、籽粒水分等状况，及时调整作业参数是提高收获质量的重要措施。

4.粒收益处　多点试验示范表明，玉米籽粒机收比果穗机收节约成本约15%，降低粮食损耗约6%，提升1个等级品质，每亩节本增效约150元。

多地大田实测表明，①玉米籽粒机收模式显著提高了玉米种植效益，让众多种植大户和合作社受益。与机械收穗相比，籽粒直收模式使落穗、仓储霉变及脱粒损失等总损失率由6%降到了3%。②降低了生产成本，机械收粒的工作效率是机械收穗的10倍左右，省时省工，解决了雇工难的问题，每公顷能减少用工1～2人、减少脱粒费用150元、节约成本350元。③解决了场地紧张和贮藏难的问题，提高粮食品质，减少了粮食损失，每公顷增加收益约650元。④减少了"鼠嗑鸟啄"的粮食损耗。

玉米籽粒低破碎机械直收技术体系的推广应用，不仅提升了种植户的种植效益，也对接了产业链下游粮食收储加工企业的发展需求。工厂玉米籽粒日加工量大，而籽粒含水量过高、破碎籽粒过多将造成加工环节的工艺设计及质量控制困难。对于加工企业来说，田间收获环节的籽粒低破碎率和低杂质率是保证和提升加工质量的关键因素。

籽粒机收技术社会效益、生态效益、经济效益显著，战略意义重大，能有效降成本、提品质，增强我国玉米在国际市场的竞争力。

5.存在问题

（1）农机化发展水平不均衡。我国玉米综合机械化水平整体是快速提升的，但也存在一些薄弱环节。在玉米生产全程机械化各环节中，耕、种、收"老三样"发展较快，而田间管理、烘干、秸秆处理"新三样"明显滞后，这制约了农业全程机械化发展。

（2）粒收率低。在玉米机械化收获环节，我国穗收机械已经达到国际领先水平，但全国玉米籽粒收获率并不高。在黄淮海夏玉米种植区，小麦已基本实现全程机械化，玉米仍以机械收穗为主，收获后运输、晾晒、脱粒等环节费工费时，生产成本因劳动力价格上涨而不断升高。

（3）籽粒烘干设备不足。目前，有相对适宜机收的品种和机械，但是烘干仓储设施严重不足。黄淮海地区秋季往往阴雨绵绵，低温寡照。若没有仓储烘干设施，收获期一旦赶上阴雨天气，玉米很容易发霉变质，产生的黄曲霉毒素对人畜有很大危害。

一般玉米装入籽粒烘干设备并完成烘干只需30min，一组7～8m的烘干塔每日可处理30t玉米籽粒。

四、鲜食玉米储运加工技术

1.概述　鲜食玉米是不耐贮藏的作物，采收后因呼吸作用消耗籽粒中可溶性糖类，籽粒养分含量发生变化，其可溶性糖类迅速转化为淀粉，籽粒中可溶性物质含量迅速下降，玉米的含糖量和含水率迅速下降。储运温度越高这种转变越快，直接降低鲜食玉米的风味和食用品质。科学的储运加工技术可有效提高鲜食玉米的保鲜期和货架期（图2-22）。

2.常用保鲜方法

（1）真空包装常温贮藏保鲜。这是一种真空包装、高温灭菌、常温贮藏

图2-22　鲜食玉米产品

的方法，贮存期可达1年。基本工艺流程：原料→去苞叶除须→挑选→水煮→冷却沥干→真空包装→杀菌消毒→常温贮藏。先将鲜玉米穗去苞叶除须，挑选无虫口果穗在沸水中煮8min，捞出冷却并沥干水分，使用真空包装机对单穗进行真空包装。然后进行高温高压灭菌。可采用巴氏消毒法，用蒸锅蒸30min，隔2d后再蒸30min；也可采用压力蒸汽灭菌消毒法，在125℃、0.14MPa的条件下，灭菌10min。消毒完成后，须检查包装有无破漏。将完好无损的产品装箱，常温贮藏。在食用时，开水煮10～15min即可。

（2）速冻保藏保鲜。将鲜食玉米在−25℃条件下快速冻结，包装后冷藏在−18℃的条件下，此法保质期为半年，是目前延长鲜食玉米供应期的有效方法。基本工艺流程：原料→去苞叶除须→挑选→漂烫→冷却→速冻→包装→冷藏（−18℃）。先将鲜玉米穗去皮除须，挑选无虫口果穗漂烫，以沸水煮10min为宜（在漂烫水中加入食盐和柠檬酸，风味和色泽更好），然后迅速冷却（用冰水或常温水降温）后沥干水分，置于−25℃条件下进行速冻，以整个玉米穗冻实为宜。然后用复合膜包装封口（单穗包装或2～3穗包装），置于−18℃下冻藏。若不要求长期贮藏，计划3～4个月上市销售的玉米，从生产成本角度考虑，可省去漂烫程序直接进行速冻贮藏，食用时用沸水煮20min即可。

（3）低温冷藏保鲜。在常温下，采后的甜糯玉米含糖量会迅速下降。研究表明，30℃条件下，采后1d约有60%的可溶性糖转化为淀粉；10℃条件下，采后1d约有25%的可溶性糖转化为淀粉；0℃条件下，可溶性糖转化过程受到明显的抑制，采后1d里仅有6%的可溶性糖转化为淀粉。糖分的损失，会明显降低鲜食玉米的特有风味和鲜嫩品质。鲜食玉米不能长时间贮藏，不宜在常温条件下久放，适宜的贮藏温度为0℃（±0.5℃），空气相对湿度95%～98%。此法保质期不宜超过20d。操作要点是适期采收，快速预冷，贮藏。预冷后剥去果穗苞叶，只留1层内皮，装入内衬保鲜袋的箱内，每箱规格5～7.5kg，扎口码垛贮藏（码垛时留出通风道），库温恒定在0℃（±0.5℃）。

3.操作要点

（1）快速预冷。预冷是贮藏的一个重要环节，果穗采收后1～2h内将玉米穗迅速冷却至0℃，常用的方法是真空预冷和冷水冷却（图2-23）。真空预冷时要先把果穗加湿，防止失水；冷水预冷可采用喷淋的方式，水温保持在

图2-23 预冷设备与无菌作业环境

0～3℃，预冷后将苞叶上的浮水甩干。

（2）原料接收。果穗采收后要轻拿轻放，不可随意扔在地上，在装卸、运输过程中尽量避免发生严重磕碰、挤压，减少损失，提高成品率。

（3）剥叶、去丝。剥去苞叶、除去花丝时，要轻拿轻放，选择无虫蛀、籽粒饱满、排列均匀整齐、无杂粒、老嫩相间的果穗。淘汰发霉、缺粒、水粒、花粒、成熟度过高或过低的果穗。

（4）修整、清洗、分级。对秃尖、有虫口的果穗进行修整时，要保证刀口切面平整，修整后达标的也可作为原料。人工切段时应保证切面与穗轴垂直，下刀要迅速，避免压碎玉米粒，降低正品率。刀不快的要磨，刀架松的要紧，刀片薄的要加厚。用流动的清水清洗果穗，洗去玉米的花丝和污物。清洗过程要迅速，不能让果穗长时间在水中浸泡，以免造成营养成分流失。洗后分级，在投放于周转筐的过程中顺便进行分级。一般依照穗长进行分级，分为12～14cm、14～16cm、16～18cm、18～20cm共有4个等级。

（5）漂烫。在漂烫水中加入0.1%～0.3%的柠檬酸、1%～5%的食盐，95～100℃条件下，作业8～12min。也可用蒸汽进行漂烫，热水漂烫效果较好。漂烫可使玉米中的气体排出，且可降低玉米组织中酶的活性，杀灭果穗表面的有毒生物，减少病原菌基数，为提高杀菌效果奠定基础。

（6）冷却、装袋。漂烫后的果穗必须及时冷却，温度过高会使玉米粒失水而出现褶皱，降低其外观商品性和品质。在真空装袋时也会产生蒸汽，对封口质量产生不良影响。一般用清水喷淋或在凉水中浸泡3～5min，给果穗表面降温，以保证装袋时果穗的温度在50℃左右。冷却后的果穗，沥干水分后即可装袋。装袋时要严格把关：去除果穗上的花丝等异物，淘汰破损、长度不达标、杂色、脱水现象较重的果穗。装袋过程要迅速，果穗大头向下，推到包装袋的底部，不能将玉米浆等杂物残留在封口处，以免影响封口质量。

（7）真空封口。玉米装袋后，即可进行真空封口。封口的真空度为0.08～0.09MPa，抽真空的时间为12～20s，封口加热时间为3～5s。对封口

图2-24　无菌车间

质量严格把关，检查是否有水、异物和褶皱，封口处保持平整。

（8）高温杀菌。灭菌前，要检查封口是否达到标准，果穗与包装袋之间有间隙，用手挤果穗易产生移动，则说明真空作业质量不合格（图2-24）。将达标果穗送入杀菌罐进行高温杀菌。杀菌方式为"15min（升温时间）—20min（恒温杀菌时间）—20min（降温时间）/121℃（规定的杀菌温度）"，即用15min的时间，使杀菌罐内温度达到121℃，恒温保持20min。杀菌罐内压力要保持稳定，否则会产生破袋现象。因为包装袋内的水分在加热时会膨胀。为防止破袋，要采用反压冷却，且要使压力高于杀菌压力0.02～0.03MPa。冷却时间为20min，使温度降至40℃。

（9）擦袋。用干净的棉布，将包装袋表面的水分及污渍擦净，再次对产品进行质量检查，淘汰不合格产品。

（10）保温、检验。将玉米袋放入37℃的保温库内，保温7昼夜；保温过程中要翻动2次。从保温库中取出时，淘汰胀袋的产品，将达标产品装箱、入库、待售。

五、青贮玉米加工技术

1.概述　青贮是一种把青绿多汁的青饲料（鲜玉米秸秆、牧草等）在厌氧条件下（经微生物发酵作用）保存起来的方法。青贮饲料具有味美多汁、营养丰富、贮存期长、可全年供给的特点。青贮是提高饲料品质、降低养殖成本、提高养殖效益的有效途径，有助于推进农区畜牧业的规模化、现代化发展。

2.青贮原理　在厌氧条件下，利用乳酸菌对原料进行厌氧发酵，产生乳酸，使pH降到4.0左右，达到对原料进行酸贮的目的。先将青贮饲料压实密封，使内部缺乏氧气，乳酸菌发酵分解糖类，产生的二氧化碳会进一步排除空气，分泌的乳酸使饲料呈弱酸性（pH 3.5～4.2），可有效抑制其他微生物（霉菌和腐败菌等）生长，乳酸菌被自身产生的乳酸抑制，发酵过程停止，饲料进入稳定贮藏。利用乳酸菌青贮的过程只损耗原料中少量的糖分等营养成分，保存了原料中的大部分养分。因此，为乳酸菌的生长繁殖创造必要的环境条件，有利于提高青贮饲料的品质。在调制过程中，原料要长短适度，装窖时踩紧压实，尽量排出窖内的空气。原料中的含水量在75%左右（即用手刚能拧出水而不能下滴时），适合乳酸菌的繁殖。生产实践中，应根据原料的青绿程度决定是否需要洒水。

3.青贮方法　一是根据收获时期分类。可分为黄贮和全株青贮。黄贮是传统的秸秆青贮方法，玉米果穗收获后，将秸秆制作成青贮饲料。全株青贮是在乳熟后期至蜡熟初期，将玉米全株收获（含果穗），切碎青贮。与传统方法相比，能较好地保持饲料原料青绿多汁的特性，使饲料气味更芳香、营养更丰富、消化利用率更高。

二是根据饲养条件分类。根据饲养条件（饲养规模、地理位置、经济条件和饲养习惯）可分为窖贮、袋贮、包贮、池贮、塔贮、堆贮。其中窖贮、包贮、堆贮较常见。主要设备有青贮塔和青贮窖，青贮塔适用于地势低洼、地下水位较高的地区，目前国内使用较多的是青贮窖（图2-25）。

图2-25　青贮窖紧邻畜舍

（1）窖贮。这是一种常见且较理想的青贮方式。一次性投资大，但窖坚固耐用，使用年限长，可常年制作，其贮藏量大且饲料质量有保证。此法制作的青贮饲料可以贮存几年或十几年的时间。根据地势及地下水位的高低可将青贮窖分为：地下窖、地上窖和半地下窖3种形式。地下窖适用于地下水位低、土质较好的地区，地上窖和半地下窖适用于地下水位较高或土质较差的地区。通常选择在地势较高、地下水位较低、背风向阳、土质坚实、离饲舍较近、制作和取用青贮饲料方便的地方建窖。窖的形状一般为长方形，深浅、宽窄和长度可根据饲养牲畜数量、饲喂期的长短和需要贮藏的饲草数量进行设计。青贮池的大小主要取决于饲料青贮量、原料的种类、养殖场每天用量等（以青贮暴露面不超过2d为宜）。玉米青贮发酵过程中，原料会下沉10%～20%。因此，每立方米的青贮料，实际需用1.2m³左右的容积。窖四壁要平整光滑，可用砖或石头垒砌，再用水泥硬化，可提高利用率。也可用土坯砌成土窖，但底面和四周要用水泥抹面，或全部用塑料薄膜铺面，防止渗水和漏气。要密封防止空气进入，且便于饲草的装填压实。窖底部从一端到另一端要有一定的坡度，或一端建成锅底形，以便排除多余的汁液。一般每立方米窖可青贮全株玉米500～600kg。

　　窖贮制作过程中，原料切割长度一般为1～3cm（过长不利于压实），装填时可以压得更实，有利于排出空气和取用饲料。切短后的青贮原料要及时装入青贮窖内，可边粉碎、边装窖、边压实。装窖时，每装20～40cm时要踩实1次（有机械进行压踏更好），特别要注意踩实青贮窖的四周和边角。同时检查原料的含水量（一般要求在65%左右），尽可能缩短青贮过程中微生物有氧活动的时间。若当天或者一次不能装满全窖，可在已装窖的原料上立即盖上1层塑料薄膜，翌日继续装窖。青贮原料一般要求含糖量不得低于2.0%（如果原料中没有足够的糖分，就不能满足乳酸菌的需要）。因为青贮玉米含有较丰富的糖分（一般在4%以上），所以青贮时不需添加其他含糖量高的物质。在青贮过程中一定要压实，否则氧气残留过多，会导致部分原料发生霉变。受重力影响，原料间空隙减少及水分流失，数天后原料仍会发生下沉。因此，要装至原料高出窖的边沿50～80cm，然后用整块塑料薄膜封盖，再盖1～2层草包片、草席等物，最后用泥土压实。泥土厚度30～40cm，并把表面拍打光滑，窖顶隆起呈馒头状。随着青贮的成熟及土层压力，窖内青贮会慢慢下沉，土层上会出现裂缝，发生漏气，如遇雨天，雨水会从缝隙渗入，使青贮料霉坏，或因装窖时踩踏不实，当窖面低于地面时，雨天易产生积水。因此，要加强监管，发现裂缝或下沉，及时覆土，确保青贮成功。一般经40～50d（20～35℃）的密闭发酵后，即可取用饲喂牲畜。

图2-26　青贮饲料包

　　（2）包贮。裹包青贮是一种利用机械设备完成秸秆或饲料青贮的方法，是在传统青贮的基础上研究开发的一种新型饲草料青贮技术（图2-26）。制作过程：将粉碎好的青贮原料用打捆机进行高密度压实打捆，然后通过裹包机用拉伸膜包裹起来，创造一个厌氧的发酵环境，最终完成乳酸发酵过程。此法已被欧洲各国，以及美国和日本等国家广泛认可和使用，我国也开始尝试使用并逐渐商品化。其优点：干物质损失较小，可长期保存，质地柔软，具有酸甜清香味，适口性好，消化率高，营养成分损失少；制作不受时间、地点的限制，不受存放地点的限制，在棚室内进行加工时不受天气的限制。与其他青贮方式相比，该法封闭性更好，通过汁液损失的营养物质也较少，不存在二次发酵的现象。运输和使用更方便，有利于其商品化。包贮对于促进青贮加工产业化的发展具有十分重要的意义。缺点：包装易被损坏，一旦拉伸膜被损坏，酵母菌和霉菌就会大量繁殖，导致青贮料变质、发霉；易造成不同草捆之间水分含量参差不齐，导致发酵品质有差异，给饲料营养设计带来困难，难以精确地掌握恰当的供给量。

（3）堆贮。这是一种平面堆积青贮原料的方法，适用于养殖规模较小的农户，如养奶牛3～5头或者养羊20～50只。其优点是使用期较短，成本较低，一次性劳动量投入较小。制作的时候需要注意青贮原料的含水量（一般要求在65%左右），要压实、密闭。

4.技术要点

（1）水。原料水分含量应保持在65%～70%，低于或高于此范围，均不易青贮。水分含量高了要加糠吸水，水分含量低了要加水。

（2）糖。原料要有一定的糖分含量。一般要求原料含糖量不低于2%。

（3）快。过程要快，一般小型养殖青贮过程应在3d内完成。要做到快收、快运、快切、快装、快踏、快封。

（4）实。装窖时要将青贮料压实，尽量排出料内空气，边角地带也不能忽视，要创造厌氧环境。

（5）密。青贮容器要密封，不能漏水、漏气，要加强维护。

（6）鉴定。一般通过闻青贮料的气味、看其颜色与质地，评定品质好坏。质量好的青贮料有芳香气味，酸味浓，无霉味。颜色近似于原料本色的青贮料质量较好。质地松软略带湿润，茎叶多保持原料状态，清晰可见。若青贮料酸味较淡或带有酪酸味、臭味，色泽呈褐色或黑色，质地黏成一团或干燥而粗硬，应淘汰。

（7）取用青贮料时，长方形青贮窖应自一端开挖，垂直往下逐段取用，取后随即盖好。不可打洞掏心，以免长期暴露降低品质。圆形青贮窖揭盖后，逐层往下取用，不可从中间挖窝，取料后及时盖好。

（8）青贮窖一经开启应连续取用，不宜间断，在霉菌充分生长繁殖之前将青贮饲料用完。如中途停喂牲畜，间隔时间长，需按原法将窖盖好封严，保证不透气、漏水。用多少取多少，取后及时用草席或塑料薄膜覆盖。

（9）青贮秸秆有轻泻作用，不宜单独饲喂，孕畜要慎喂、少喂。过酸时可用3%～5%的石灰乳中和。

第三章

抗逆减灾技术

第一节 旱　灾

一、概述

玉米生育期内高温少雨，水利灌溉条件跟不上（设施少、滞后，水源少，地下水位降低，等等），不能在干旱或土壤缺水时及时补水满足玉米生长发育，导致大气和土壤干旱，发生灾情（图3-1）。旱灾在苗期、穗期和花粒期都会出现，时间长短、程度，因年份、地域不同而不同。

图3-1　旱灾

二、旱灾危害

（1）植株细胞膨胀度降低，植株矮化细弱，茎叶萎蔫不能直立，叶片窄短、枯黄卷曲、易掉落。

（2）不利于受光和气体交换，光合作用减弱，呼吸功能受阻，蛋白质合成减少、分解增多。

（3）根系不发达、活力降低，细胞质变形，根尖失去溶胶状态，生命活动降低。

（4）花粉活力减弱，授粉率降低，果穗小，秃尖率高，穗粒数减少，百粒重降低，造成不同程度减产。玉米开花的适宜温度为22 ～ 26℃，适宜的空气相对湿度为65%～ 90%，温度超过32℃不利于授粉。例如，2016—2018年散粉期的旱灾，致使黄淮海夏玉米种植区出现不同程度的高温热害。

三、应对措施

（1）兴修水利，加强灌溉设施建设。打井，配置浇灌设施、拉水车辆等。

（2）选择耐旱（花粉、花丝耐高温）的玉米品种。

（3）关注气象预测预警，调整好播期，使花期避开高温。

（4）合理密植，适当降低密度，提高通风透光率。

（5）及时查苗补栽补种。出苗不齐的地块，要间苗补栽；如无余苗，要催芽补种，保证玉米每亩株数。

（6）适量增施钾肥。钾肥可增加植物体内钾离子的浓度，提高细胞胶体对水的束缚能力。遭遇高温干旱时，钾离子可促使叶面气孔关闭，减少水分蒸发。同时，钾肥还能促进根系生长，提高根冠比，增强作物对水分和养分的吸收能力。

（7）及时灌溉降温增湿，人工或无人机辅助授粉。

第二节　涝　渍

一、概述

涝渍包含涝和渍两部分，均会造成农作物根系活动层水分过多，不利于农作物正常生长。涝主要是由于雨后农田积水，超过农作物耐淹能力而形成；渍主要是由于地下水位过高，土壤水分经常处于饱和状态而形成。涝灾和渍灾通常共存难以区分，故统称为涝渍灾害（图3-2）。

图3-2　涝渍

田间地势低洼、土壤含水量过大、土壤湿度过大，持续强降雨、泄洪等都是涝渍灾害的诱因，生产中一般由多雨天气造成。在黄淮海夏玉米栽培区，涝渍灾害通常发生在7—8月，是阻碍夏玉米正常生长发育和降低产量（普通玉米粮食产量、青贮玉米生物产量、鲜食玉米亩穗数）的一种自然灾害。

二、主要危害

1.**土壤板结**　夏天雨水多，但土壤干得也快，积水慢慢排完后，连续出现几天的高温晴朗天气，田间土壤会发生板结症状，影响玉米正常生长。

2.**养分流失**　田间积水增多，土壤养分随水土流失，易造成玉米中后期脱肥、缺肥，无法保证玉米生长对养分的需要。

3.**草害严重**　玉米苗期遇积水后生长受抑制，但杂草生长能力强，当积水退去后，长势恢复快，不及时防治，会带来较大危害。

4.**病虫害加重**　一般大雨过后就是病虫害暴发的重要时期，不及时打药防治，会造成病虫害泛滥。

5.**植株生长受阻**　玉米受害后，叶色褪绿、植株基部呈紫红色并出现枯黄叶，生长缓慢或停滞，严重的全株枯死。

6.**根系生长受阻**　由于田间有积水，隔绝了根系与空气的接触，作物根系无法进行有氧呼吸、生长受阻、活力降低，后续会出现一系列并发危害（如苗弱、后期易倒伏等）。

7.**倒伏倒折**　玉米长期在雨水或水分较大的环境中生长，根系不能正常生长发育，遇到强风极易出现倒伏倒折。根系正常生长发育的情况下，遇到大雨、大风天气，也会发生倒伏现象（图3-3）。

图3-3　涝渍危害（倒伏倒折）

三、应对措施

（1）加强农田水利设施整修，及时开沟清淤、排出田间积水、中耕散墒减渍，降低土壤湿度，增加土壤的透气性，保证植物根系正常呼吸。

（2）尽早扶起雨后倒伏的植株，清理叶片上的泥沙，起土培垄，尽量不要损伤玉米新长的气生根。

（3）及时间苗、补苗，适当晚定苗（7叶期）。

（4）施肥补救。可选择晴天增施氮肥，适量补施磷肥、钾肥和微量元素肥，促进玉米恢复正常生长。一般适量追施尿素5kg左右。

（5）防治病虫草害。田间积水时，土壤和空气相对湿度较高，加之玉米受损后抗性弱，易发生病虫草害。清洗叶片上的泥土，用多菌灵、甲基硫菌灵等杀菌剂喷雾防治。打除草剂时，药液浓度宜稀，顺着玉米行间喷洒。

（6）中耕培土，破除板结。当积水排出，土面泛白可下田时，及时对玉米进行中耕松土，破除表土板结，促进深层土壤散湿，改善土壤透气状况，促进玉米根系恢复活力，扩大生长，增强吸收能力。

第三节 风 灾

一、概述

玉米是高秆作物，整个生育期都可能会发生风灾。尤其是7—8月，黄淮海夏玉米区常出现狂风暴雨天气，风灾更易发生（图3-4）。

图3-4 风灾

二、风灾危害

（1）风灾会造成玉米植株不同程度的倒伏倒折，影响植物体内水分、养分的正常运转。

（2）风灾会造成茎叶光合效率降低，植物体内干物质积累减缓。

（3）风灾使玉米植株根、茎、叶受损，植株抗性降低。

（4）风灾过后，易引发病害、虫害，同时，会发生鼠害、鸟害。

三、应对措施

1.选用抗倒伏能力强的品种　选择株型紧凑，株高、穗位高适中，茎秆组织致密、韧性好，气生根发达的玉米品种，提高玉米抵御风灾的能力。

2.培育壮苗　要适当深耕，增施有机肥和磷钾肥，玉米忌施偏肥，尤其是偏施速效氮肥；应适期播种，高肥水地块应注意蹲苗，结合中耕松土，促进玉米根系健壮发育，培育壮苗；中后期结合追肥进行中耕培土，做好玉米螟等病虫害的防治工作。

3.科学安排玉米种植行向　株距一般小于行距，其行间的气流疏导能力大于株间。当行向的气流来临时，由于玉米株距较小，可从后面的植株获取一定的支撑力，抗风能力强；如果行向与风向垂直，会因株间距较小使气流难以畅通，加大了对风的阻力，又会因行距较大而使后面的植株无法对前面的植株提供支持，风灾的危害更大。应根据历年风向特点，科学安排玉米种植行向，提高大田抗风减灾能力。

4.构建防风林带　玉米是草本植物，其抗风能力有限。在风灾严重的地区，应将植树造林、构建防风林带与玉米抗风栽培有机结合。据测，防风带的保护范围是玉米株高的20倍左右。在风灾严重地区适当规划、种植防风林带，不仅可以美化环境，而且可以大幅减轻玉米风灾危害。

第四节　高温热害

一、概述

在持续5d以上日平均最高气温≥35℃、持续8d以上无有效降雨的气象条件下，玉米会发生高温热害。主要症状：雌雄分化发育受阻，发育不良，花粉和花丝活力下降（甚至败育），花粉量少，散粉和受精时间短，结实不良，果穗秃尖缺粒现象突出。高温热害可导致不同程度减产（图3-5）。

图3-5　高温热害

二、等级划分

玉米热害指标，以中度热害为准，苗期36℃，生殖期32℃，成熟期28℃，开花期气温高于32℃不利于授粉。以全生育期平均气温为准，轻度热害为29℃，减产11.9%；中度热害为33℃，减产52.9%；严重热害为36℃，将造成绝产。高温热害时间越长，受害越重，恢复越困难。

三、主要影响

1.减缓干物质积累　一方面，在高温条件下，光合蛋白酶的活性降低，叶绿体结构遭到破坏，引起气孔关闭，从而使光合作用减弱。另一方面，在高温条件下呼吸作用增强，消耗增多，干物质积累下降。38～39℃的高温胁迫时间越长，植株受害就越严重，越难恢复。

2.缩短生育期　高温迫使玉米生育进程中各种生理生化反应加速，各个生育期时间缩短。如雌穗分化时间缩短，雌穗小花分化数量减少，果穗变小。生育后期高温使玉米植株过早衰亡，提前结束生育进程而进入成熟期，灌浆时间缩短，干物质积累量减少，千粒重、容重、产量和品质降低。

3.雌雄穗发育不良　在孕穗阶段与散粉过程中，高温都可能对玉米雄穗产生伤害。当气温持续高于35℃时不利于花粉形成，开花散粉受阻，表现在雄穗分枝变小、数量减少，小花退化，花药瘦瘪，花粉活力降低，受害的程度随温度升高和持续时间延长而加剧。当气温超过38℃时，雄穗不能开花，散粉受阻。高温影响玉米雌穗的发育，致使雌穗各部位分化异常，延缓雌穗吐丝，造成雌雄不协调、授粉结实不良、籽粒瘦瘪。

4.易引发病害，使玉米产量和品质下降　高温环境条件下，玉米植株抵抗力减弱，且高温有利于病原菌孢子存活、萌发、传播、侵染。生产中，25℃左右高温遇上连日阴雨天气，更易造成玉米疯顶病、顶腐病、褐斑病、茎基腐病、纹枯病、南方锈病、大斑病、小斑病等病害严重发生，使玉米产量和品质下降。

四、应对措施

1.选择良种　育种家通过引种、种质改良、高温选育等途径，选育耐热种质资源，推广耐热品种。种植户通过咨询、比对，选择耐高温玉米品种种植。

2.辅助授粉，提高结实率　在高温干旱期间，玉米的自然散粉、授粉和受精结实能力均有所下降，若在开花散粉期遇到38℃以上持续高温天气，建议采用人工辅助授粉，减轻高温对玉米授粉受精过程的影响，提高结实率。一般在8：00—10：00采集新鲜花粉，用自制授粉器给花丝授粉，花粉要随采随用。用无人机辅助授粉，效率更高。制种田通过辅助授粉，增产效果非常显著。

3.适当降低密度，采用宽窄行种植 在低密度条件下，个体间水肥竞争压力小，个体发育健壮，抵御高温伤害的能力较强，能减轻高温热害。在高密度条件下，采用宽窄行种植有利于改善田间通风透光条件、培育健壮植株，提高玉米对高温伤害的抵御能力。

4.科学施肥 增加有机肥用量，施基肥促早发，重视微量元素的施用，玉米出苗后早施苗肥促壮秆，大喇叭口期至抽雄前主攻穗肥增大穗。结合灌水，加速肥效发挥，改善植株营养状况，增强抗旱能力。高温时期可喷施叶面肥，既有利于降温增湿，又能补充玉米生长发育必需的水分及营养。

5.适期喷灌水 高温常伴随着干旱发生，高温期间及时喷灌水，可起到降温增湿作用。灌水后玉米植株获得充足的水分，蒸腾作用增强，冠层温度降低，从而有效降低高温胁迫程度，也可以降低高温引起的呼吸消耗，减轻高温热害。有条件的可利用喷灌将水直接喷洒在叶片上，降温幅度可达1～3℃。

第五节　阴雨寡照

一、概述

阴雨寡照多伴随低温，持续一段时间后，会引发灾害。阴雨寡照在玉米整个生育期都会构成危害，抽雄散粉期危害尤其严重（图3-6）。

图3-6　阴雨寡照危害

二、主要影响

1.营养供应不足 玉米徒长，茎秆脆弱，根系活力降低，呼吸作用不旺盛，无法为玉米正常生长提供充足的养分。

2.授粉质量低 抽雄散粉期遭遇连日阴雨寡照天气，玉米雌雄穗花期不遇，不能完成授粉或授粉后被雨水冲刷无法形成有效授粉，造成空秆、结实不良，导致产量低、品质差。

3.病虫害发生严重

连日阴雨寡照天气，田间湿度大，易引发蚜虫、玉米螟、黏虫及叶斑病、茎腐病、穗腐病等病虫害的滋生蔓延。

4.成熟期推迟

阴雨寡照天气，光周期和有效积温不足，玉米无法正常成熟，影响小麦等下茬作物正常播种。

三、应对措施

1.科学选种 选择株型紧凑、果穗裸露、植株间通透性好、耐密、生育后期脱水快的品种，这类品种抗病性强、适应性广、稳产高产，具有更好的耐阴性。

2.调整播期培育壮苗 根据当地气候特点调整播期，使关键生育期避开阴雨天气，提高播种质量，培育壮苗，加强田间管理，防止早衰，建立整齐、均匀一致的群体结构。

3.及时中耕施肥 寡照常伴随低温或阴雨，容易造成土壤板结、养分流失，需要采取措施及时中耕施肥，尤其不要忘了"旱来水收，涝来肥收"。

4.化学调节 在6～12叶期叶面喷施抗倒、防衰的植物生长调节剂，增强抗倒性，促进玉米正常生长。

5.辅助授粉 可采取拉绳、采集花粉等办法进行人工授粉，在生产和试验中使用较为普遍；劳动力不足时，可引进蜜蜂帮助授粉，既省工省时，又能有效提高玉米授粉质量；面积较大的地块，可进行无人机辅助授粉（图3-7）。

6.综合防治病害 在低温、寡照、多湿条件下，玉米大斑病、小斑病、

图3-7 辅助授粉

锈病、穗腐病危害较严重，要及早调查与防治。在农技人员指导下进行，综合考虑农药化肥能否混用及配比浓度等问题，提高防治效果，避免产生药害。

7.适时收获，防止霉变　　及时收获晾晒，避免后期多雨造成籽粒霉变，鼠、鸟、虫喜欢危害弱势瘪粒玉米，尤其是倒伏玉米，要及时收获减少损失（图3-8）。

图3-8　鼠害、鸟害

8.带秆收获，提早腾茬　　玉米带秆收获，穗在秆上还能继续吸收养分，有利于产量的提高，不会影响后茬作物播种。

第四章
生产中热点话题

第一节　生长周期

从播种到下一代的种子成熟，称作玉米的一生（图4-1）。

苗期　　　　　　　穗期　　　　　　　花检期

图4-1　玉米生长发育过程

一、基本概念

1.**全生育期**　从播种（含当日）至成熟（含当日）的天数。全生育期主要包括播种期、出苗期、3叶期、拔节期、抽雄期、吐丝期、灌浆期、乳熟期、蜡熟期、完熟期等生育时期。

2.**生育期**　出苗期（含当日）至成熟期（含当日）的实际天数。生育期与品种、播期、温度、光照、纬度等有关。早熟品种、晚播、高温等情况下，生育期短；南种北引要选择早熟玉米品种，北种南引要选择晚熟品种。

3.**生育时期**　在生长发育过程中，作物外部形态呈现显著变化的时期。其持续时间是从一个生育时期始期至下一个生育时期始期，生育时期受自身量变和质变的结果及环境变化的影响。在各个生育时期，作物外部形态特征、内部生理特性，均发生不同的阶段性变化。

二、叶龄识别

玉米长出几片完全展开叶就称几叶龄。依据玉米叶龄，采取相应措施，协调植株各器官的生长发育，是实现玉米高产稳产比较理想的方法。叶片下部出现叶耳，该叶片即为一片完全展开叶（图4-2）。玉米生长前期，叶片数比较完整，根据展开叶数（叶耳出现与否），判断玉米的叶龄；生长后期，下部叶片衰老脱落，直接观察不能确定叶片数，采用"五光六毛法"（玉米生长过程中，从真叶开始至第5片叶，叶子表面光滑，无茸毛，从第6片叶开始，叶片表面出现大量茸毛，以后逐渐增多，触摸有发涩扎手的感觉）确定玉米叶龄。

图4-2　叶龄识别

三、生育时期

通常将玉米生长发育过程分为苗期、穗期、花粒期等3个生育阶段，各生育阶段包括不同的生育时期。

1.苗期　出苗至拔节的时期，以营养生长为主。生育特点是根系发育较快，地上部茎、叶量增长较慢。田间管理的中心任务是促进根系发育、培育壮苗，达到苗齐、苗匀、苗壮，为玉米丰产打好基础。苗期主要包括出苗期、3叶期。

（1）出苗期。50%的幼苗出土高约2cm。

（2）3叶期。50%的植株第3片叶露出叶心3cm。玉米一生中第一个转折点，由自养生活开始转向异养生活，根系吸收和叶片制造的营养物质较少。

2.穗期　玉米从拔节至抽雄的时期。生长发育特点是营养生长和生殖生长同时进行，叶片、茎节等营养器官旺盛生长，雌雄穗等生殖器官强烈分化与形成，是玉米一生中生长发育最旺盛的阶段，也是田间管理最关键的时期。田间管理的中心任务是促进中上部叶片生长，茎秆健壮，以达到穗大、穗匀的目的。穗期主要包括拔节期、小喇叭口期、大喇叭口期。

（1）拔节期。50%的植株节间开始伸长，第一茎节长度达2～3cm，叶龄指数30%左右，是玉米一生中第二个转折点。

（2）小喇叭口期。50%的雌穗进入伸长期，雄穗进入小花分化期，叶龄指数46%左右。

（3）大喇叭口期。50%的植株可见叶与展开叶之间的差数达5片叶，上部叶片呈现大喇叭口状。此期叶龄指数60%左右，雌穗进入小花分化期，雄穗进入四分体期，雄穗主轴中上部小穗长度达0.8cm左右。

3.花粒期　从抽雄至成熟的时期。所有叶片均已展开，植株已经定长。生育特点：基本停止营养生长，进入以生殖生长为中心的阶段，出现了玉米一生的第三个转折点。田间管理的中心任务是保护叶片不损伤、不早衰，争取粒多、粒重，达到丰产。花粒期主要包括抽雄期、散粉期、吐丝期、灌浆期、乳熟期、蜡熟期、完熟期。

（1）抽雄期。50%的植株雄穗尖端露出顶叶3～5cm。

（2）散粉期（开花期）。50%的植株雄穗主轴上部1/3处开始散粉。

（3）吐丝期。50%的植株雌穗的花丝从苞叶中伸出5cm左右。

（4）灌浆期。植株果穗中部籽粒体积基本建成，胚乳呈清浆状，亦称籽粒形成期（籽粒建成期）。

（5）乳熟期。植株果穗中部籽粒干重迅速增加并基本建成，胚乳呈乳状，后至糊状。

（6）蜡熟期。植株果穗中部籽粒干重接近最大值，胚乳呈蜡状，用指甲可划破。

（7）完熟期。植株籽粒干硬，籽粒基部出现黑色层，乳线消失，并呈现出品种固有的颜色和光泽。

第二节　气候指标

一、概述

玉米生长发育需要的环境条件：光、热、水、气、土壤等。在不同生育时期，玉米需要的气候条件有差异。图4-3为玉米播种至出苗图。

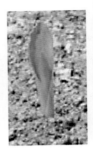

图4-3　玉米播种至出苗

二、播种期

1.适宜气象条件　玉米种子在6 ~ 7℃发芽速度非常缓慢，这个温度下，种子吸水膨胀时间长，容易受土壤中有害微生物的感染，造成烂种。温度达到10 ~ 12℃时，发芽速度明显加快，生产上常把这个温度作为玉米播期的重要参考。适合发芽的温度是25 ~ 30℃。44 ~ 50℃时，温度较高，发芽明显受到抑制。播种时，土壤耕层湿度要求达到田间持水量的60% ~ 70%。5 ~ 10cm地温稳定在10 ~ 12℃时为适宜播期。一般10 ~ 12℃时播种18 ~ 20d出苗；15 ~ 18℃时播种8 ~ 10d出苗；20℃以上播种5 ~ 6d出苗。播种至出苗，春玉米每亩需水量7.5m^3，占总需水量的3.07%，天数为8d，每亩平均日需水量0.94m^3；夏玉米每亩需水量14.6m^3，占总需水量的6.12%，天数为6d，每亩平均日需水量2.43m^3。

2.不利气象条件　气温低于6℃，高于44℃时，种子一般不发芽，易出现烂种、粉种、干种。土壤含水量低于11%或高于20%时不利于出苗（图4-4）。

图4-4　玉米出苗

三、苗期

1.适宜气象条件　苗期的适宜温度为18 ~ 20℃，根系适宜生长的土壤温度为5cm地温20 ~ 24℃；适宜的土壤水分含量为田间持水量达到60%左右，土壤含水量达到12% ~ 14%。苗期在短时内含水量低于11%，有利于蹲苗。

2.不利气象条件　幼苗期遇到2 ~ 3℃低温时，出现正常生长障碍。短时气温低于−1℃，幼苗受冻害，严重时造成幼苗死亡。

四、穗期

1.适宜气象条件　日平均气温达到18℃以上时，利于植株拔节，24～26℃为拔节适宜温度。适宜的土壤水分含量为田间持水量达到70%左右，土壤含水量达到17%以上。拔节中后期平均降水量30mm以上，日平均气温25～27℃，利于茎叶生长和雌雄穗分化。

2.不利气象条件　气温低于24℃时，植株生长减慢。土壤含水量低于15%时，雌穗部分不孕或空秆。

五、抽雄至开花期

1.适宜气象条件　月平均气温25～28℃为宜，空气相对湿度65%～90%为宜，田间持水量80%左右较好。抽雄前10d至抽雄后20d，需水量270mm，适合有机质合成，养分转化和输送的合适温度是22～24℃。

2.不利气象条件　阴雨寡照或气温低于18℃，会造成花粉量严重不足；气温低于24℃造成抽穗不畅；气温高于35℃，空气相对湿度低于50%，土壤含水量低于15%，易造成花丝枯萎，花粉、花丝活力严重降低。

六、灌浆至成熟期

1.适宜气象条件　灌浆阶段适宜的温度条件是22～24℃，每日灌浆速度约79mg/粒；籽粒快速增重期适宜温度为20～28℃，每日灌浆速度约76mg/粒，积温380℃以上。适宜灌浆日照时数为4～12h，适宜成熟日照时数为7～10h。

2.不利气象条件　气温低于16℃，基本停止灌浆。气温在25～30℃时，呼吸消耗增强，叶片老化加快，籽粒灌浆不足。气温低于3℃，植株生长基本停止，造成减产。持续数小时−3～−2℃的霜冻，将造成植株冻害死亡。

七、全生育期

1.适宜气象条件　平均日温超过15℃的无霜期内，可种植玉米。生育期需水量500～800mm。生育期与积温和品种熟期有关。早熟品种，春播生育期70～100d，积温2 000～2 200℃；夏播生育期70～85d，积温1 800～2 100℃。中熟品种，春播生育期100～120d，积温2 300～2 500℃；夏播生育期85～95d，积温2 100～2 200℃。晚熟品种，春播生育期120～150d，积温2 500～2 800℃；夏播生育期96d以上，积温2 300℃以上。

2.不利气象条件　积温每减少100℃，减产约7.6％。

第三节　红白轴

一、玉米轴简介

　　玉米轴一般占玉米棒的20％～ 30％，表面较硬，有玉米粒脱落后规则的凹洞，中心部分较软，类似于海绵状物质，颜色有红色、粉色、白色、红黑色等（图4-5）。一般长18 ～ 23cm，顶部直径一般为3.0 ～ 5.5cm，尾部直径一般为2 ～ 3cm。玉米轴可以入药、制作饲料等。

图4-5　玉米轴

二、红白轴之争

　　种植户关于"玉米白轴品种和红轴品种究竟哪个好"的争论很激烈，部分粮食收购商对轴色有倾向，业内人士对"哪种轴色品种更受种植户欢迎""未来育种方向是什么"等问题的答案有分歧。

　　1.红轴玉米　红轴品种叶片上冲、株型紧凑、雄穗较小，抗性好，植株大都活秆成熟；角质，粒型为马齿型或半马齿型，籽粒脱水较快；果穗轴细粒深，穗轴硬，不易腐烂，脱粒时穗轴不易破碎，脱粒后籽粒外观性状较好、品质优良。

　　2.白轴玉米　植株叶片较红轴品种宽，株型多为紧凑型、半紧凑型，叶片稠密，轴较细，出籽率较高，粒较深，硬粒或半马齿型粒较多，结实性好，不秃尖或很少秃尖，籽粒脱水较红轴品种慢。黄淮海地区种植较多，产量较稳定。

图4-6　红白轴

　　红白轴玉米品种各有优劣，各区域主流品种的轴色使种植户和粮食收购商各有偏好，这在一定程度上影响了玉米种业公司的品种销售和育种家的育种方向（图4-6）。

三、科学解读

红白轴之争，其实是主流玉米品种之争，轴色只是一种表型性状，以轴色作为玉米品种优劣的判断标准并没有科学依据。

玉米产量由亩穗数、穗粒数、千粒重、收获时水分等指标决定，受种植管理水平、气候生态、地理风貌等外在因素影响，与轴色无关。种植户要理性选择玉米品种，不可相信夸大、虚假的宣传，要选择适合本地种植的玉米品种，购买诚信度高的厂家（或品牌）的种子。

四、玉米轴色遗传性

玉米穗轴颖片的花青苷显色与显色强度是玉米DUS（特异性、一致性和稳定性）测试的基本性状之一。遗传分析表明，玉米 *Pl* 基因编码MYB类转录因子，调控色素合成途径，负责穗轴颖片、籽粒种皮及其他花器官的花青苷色素合成，是决定玉米穗轴颜色的遗传因子。玉米穗轴颜色为质量性状，红轴和白轴是一对相对性状，红轴相对于白轴为显性性状。如果纯合的红轴和白轴玉米品种杂交，第一代是红轴，第二代会出现红、白轴分离。

知识拓展

1. 花青素，又称花色素，是自然界一类广泛存在于植物的花、果、茎、叶和种子中的水溶性天然色素，属于黄酮多酚类化合物。花青苷水解而得的有颜色的苷元即为花青素，可随着细胞液的酸碱改变颜色，细胞液呈酸性则偏红，细胞液呈碱性则偏蓝。已知天然存在的花青素有250多种，尤其在开花植物（被子植物）中广泛存在，其在植物中的含量随品种、季节、气候、成熟度等的不同而有很大差别。已确定的有20种花青素，在植物中常见的有6种，即天竺葵素、矢车菊素、飞燕草素、芍药素、牵牛花素和锦葵素。

2. 花青苷，又称花色苷，属于黄酮类化合物，是广泛存在于自然界中的天然色素，是一种由花青素与各种糖形成的糖苷，属糖苷衍生物。

第四节　种植密度

一、常见误区

常见的误区有种植越密越高产、所有品种采用一种种植密度、盲目跟风其他农户的种植密度等。

二、合理密植意义

合理密植有利于玉米充分利用光能和地力，从而生长健壮，增强抗倒性，是优质、高产、节本增效的基础（图4-7）。在生产上种植密度太稀，单株生长良好，易形成大穗，穗粒数多，但亩穗数少，群体产量上不去。当群体的密度过大时，会造成田间荫蔽，通风透光不良，个体发育受到抑制，造成植株细弱，空秆率增高，果穗变小，粒数减少，粒重减轻，群体产量也会降低。因此，在玉米生产上必须按品种的特性和土壤肥力的高低，协调好亩株数、穗粒数和粒重的关系，进行合理密植。

图4-7　合理密植

三、合理密植原则

玉米适宜的种植密度受品种特性、气候条件、土壤条件、管理水平、生产目的等影响。

1.根据品种特性确定种植密度　植株高大，叶片数多且平展，群体透光性差的平展型品种，种植密度宜稀。植株较矮，叶片上冲，株型紧凑，群体通风透光好的紧凑型品种，适宜密植。不同株型品种的合理密植范围如下。

（1）平展型品种一般应控制在每亩3 000 ~ 3 800株。

（2）半紧凑型品种一般为每亩3 500 ~ 4 000株。

（3）紧凑型品种一般为每亩4 000 ~ 5 500株。

种植经验：生育期长的品种宜稀、生育期短的品种宜密；平展型品种宜稀、紧凑型品种宜密；高秆品种宜稀、矮秆品种宜密；茎秆松软品种宜稀、茎秆坚硬品种宜密；大穗型品种宜稀、小穗型品种宜密。

2.根据土壤肥力和施肥水平确定种植密度　土壤肥沃、施肥量多时，可适当密植；土壤肥力较低、施肥量少、种植过密会导致植株营养不良，空秆率高，植株早衰，结实性差，产量降低。因此，应掌握"肥地宜密，薄地宜稀"的原则。

3.根据灌溉条件确定种植密度　玉米是需水较多的作物，密度增大后，需水量增多。灌溉条件好的地区，可适当密植；干旱和灌溉条件差的地区，种植密度宜稀。因此，应掌握"旱地宜稀，水浇地宜密"的原则。

4.根据当地气候和土质条件确定种植密度　气温较低，昼夜温差大的地区，种植密度宜大；气温较高，昼夜温差小的地区，种植密度宜小。玉米根系发达，消耗氧气较多，透水透气性较好的沙壤土比黏土种植的密度稍大一点，每亩种植株数可增加300～500株（图4-8）。

图4-8　种植密度

四、注意事项

在实际生产中，确定种植密度时要综合考虑，因地制宜，灵活运用。农大108、豫玉22等平展型品种，中下等地力每亩3 000～3 300株、中上等地力每亩3 300～3 500株为宜；郑单958、浚单20等紧凑型品种、中下等地力每亩3 700～4 000株，中上等地力每亩4 200～4 600株为宜。

第五节　出苗质量

一、概述

玉米出苗时，有时候会出现烂籽、烂根、黄芽、弱苗、大小苗、缺苗断垄的情况（图4-9）。俗话说"春缺一株苗，秋少一斤粮"，玉米的单株生产力高，缺1株会减产150～300g，因此保证全苗是玉米丰产的前提。

图4-9　出苗质量差

二、发生原因

1.种子质量　劣质种子（陈种子、发霉种子、假种子）发芽率和芽势各异，一部分种子出苗正常，一部分种子不出苗或晚出苗。若玉米种子没有分级精选，剔除秕粒、病虫粒，而是大小不一致（图4-10），则从苗期开始就会出现大小苗。破损的种子易感染病菌，其生长发育缓慢，易长成弱苗、病苗。种子发育期间，母株受环境条件影响，没有完全成熟，导致种子活力降低；收获后，种子含水量大或环境湿度过高，使种子活力下降，播种后常出现缺苗现象。种子发芽势低造成种子发芽出苗慢，整齐度差。发芽率低，播种后出苗率低，易造成田间缺苗断垄。

图4-10　种子均匀度差

2.气候因素　玉米播种时遇到高温干旱天气，土壤墒情不足，易造成出苗参差不齐，甚至不出苗造成缺苗断垄。播种期降雨过多，造成土壤含水量高、湿度大、温度低，种子长时间处于湿度大、温度低的缺氧条件下（土壤相对湿度大于85%、土壤耕层温度低于10℃），就会造成粉种或烂种，最后出现缺苗断垄情况。

3.土壤条件　土质黏重的土壤通透性差，播后降水过多会形成土壤板结，影响幼芽顶土出苗；白浆土排水性差，种子长期处于高湿、低温环境中，不利于出苗；沙壤土排水、透气性好，播种时遇大风，土壤易风干，种子缺水无法萌发造成炕干籽或已发芽的种子干枯萎蔫，形成缺苗断垄。田间墒情不均匀，墒情较好的地方，出苗较早；墒情较差的地方，出苗较晚。出苗的早晚差异造成了玉米苗的生长不均匀。

4.耕作方式　不灭茬，直接在垄台一侧穿犁起垄，采取扣半起垄（垄侧栽培）或原垄种的方式播种，且不分土质，连年耕种不深耕，土壤板结日趋严重，通透性差，种子出苗困难，根系发育不良，导致苗黄、苗弱，严重时死苗，导致缺苗断垄。

5.播期播量　播种太早，受地温、气温、土壤含水量等因素的影响，易出现粉种、烂种现象；种子发芽慢，出弱苗，幼苗染病率增高，常造成缺苗断垄。单粒播种时，亩用种量少，由于干旱、机械下种孔堵塞、地温低、整地质量差等原因，导致部分种子不出苗、烂种，或长出弱苗、病苗，导致缺苗断垄发生。

6.播种质量　机械播种时，因整地质量差，田间高低不平或土壤大坷垃多，常造成高的地方播种深，低的地方播种浅。播种过深，出苗时间长，消耗养分多，不出苗或苗势弱；播种过浅，会由于表层土壤含水量低造成出苗不全。在墒情较好的情况下，播种深的出苗晚，播种浅的出苗早；高温干旱条件下，播种深的出苗早，播种浅的出苗晚。深播覆土厚的种子出苗慢，浅播覆土薄的种子出苗较快。播后不镇压或镇压轻重不当，种子与土壤接触不良，影响种子水分的吸收。此外，播种机漏播、露籽等因素，也会导致缺苗断垄发生。

7.间苗、定苗时间　要适时间苗、定苗，可避免幼苗生长空间拥挤，株间根系交错，叶片相互重叠，减少苗相互争光、争肥、争水的现象，以培育壮苗。玉米在3叶期前后正处于"断奶期"，需要充足光照条件以制造较多的营养物质，供应幼苗生长需要，因此，一般在3叶期、4叶期间苗。5叶期前后，幼苗生长逐渐稳定，一般在4～6叶期定苗。间苗、定苗不及时，苗多的地段会形成细弱高苗，最后出现大小苗（图4-11）。

图4-11　大小苗

8.施肥不当　底肥施用量过大，或化肥距离种子太近，常出现化肥烧籽或烧苗，造成缺苗断垄。

9.除草剂药害　玉米播后进行土壤封闭时会形成1.5cm厚的毒土层（药膜），若降雨过多，药膜随着雨水下沉至4～5cm处，发芽的种子受到药害，导致根系生长不良、根毛少，运输水分和无机盐的效率降低，不利于幼苗生长，不及时救治会萎蔫死去，造成缺苗断垄。雨前施药，大雨冲刷药液，造成地势高的地方流失，地势低的地方聚集，产生药害。施药间隔期短，同一块地使用2种药剂时，也会产生药害。喷施其他作物除草剂后没有及时清洗的药械，发生药剂连锁反应影响了出苗。废旧的除草剂瓶、除草剂袋没有妥善销毁，随手扔于水沟、池塘内污染水源，使用池塘水灌溉时造成药害。此外，用药浓度太大、用量过多、时间不对，前茬除草剂对玉米有害且有残留，临近地块对玉米有害的除草剂形成的雾滴飘移影响，都会造成玉米缺苗断垄或大小苗现象。

三、应对措施

1.预防措施 选用纯度高、发芽率高、籽粒饱满、整齐一致的种子，并进行药剂拌种。进行高标准作业，提高整地播种质量，确保一播全苗。适期播种，造足底墒，或播后浇灌蒙头水。根据土质、墒情和籽粒大小确定适宜的播种深度，一般以5～6cm为宜。如果土质黏重，墒情较好，可适当浅播；若土壤质地疏松，易干燥的沙土地，可适当深播，但一般不超过10cm。播后镇压可增加种子与土壤的接触面积，促进种子对土壤水分的吸收。种肥同播时，种子与肥料的距离要适宜，避免烧种、烧苗。播后苗前因降水量较大等原因形成地面板结时，要及时进行浅中耕，划破地表硬壳，助苗出土，要避免松土时损伤幼芽。防治虫、鸟、兽危害，出苗后要及时防治地下害虫，以免造成缺苗。

2.补救措施 用15mg/L的赤霉素兑50kg的水，对小苗进行叶面喷施，可促进小苗快速生长。若因大小苗出现缺苗断垄、苗枯、苗死，要及时查苗补种或移栽。

第六节 异常苗

一、概述

常见异常苗有红苗、紫苗、黄绿苗、黄苗、白苗、僵苗等。玉米异常苗，既影响产量，又降低玉米品质。

二、红苗

一般发生在3～4叶期，茎叶红色或紫红色，有的叶片部分发红，有的整个叶鞘和茎部均为紫红色（图4-12）。幼苗生长缓慢，叶片小，根系发育不良。

1.发生原因

（1）植株缺磷。土壤中缺磷，无法满足玉米苗期的生长需要，根系生长发育受阻，幼苗生长缓慢。由于幼苗体内磷的含量逐渐降低，故叶片由暗绿色变红色或紫色。

图4-12 红苗

（2）田间积水。田间排水不良，土壤湿度大，影响根系的呼吸、代谢作用，根系的生长受阻，导致植株营养不良而变红、变紫。

（3）地下害虫危害。幼苗根系被地下害虫咬伤（如金针虫），其吸水、吸肥能力变弱，导致幼苗变弱，形成红苗。

（4）低温。低温可使根吸收能力减弱，幼苗代谢减慢，叶绿素减少而叶片变红。在东北地区或黄淮海春播玉米区，玉米种植较早，在早春因倒春寒产生冷害，会造成玉米苗全株变红，但随着温度升高，红苗现象会逐渐缓解，后期消失。

（5）药害、虫害。药害、虫害等引起玉米苗体内糖代谢受阻，产生大量的花青素，形成紫红色苗。若大面积发生，需及时向当地农业农村部门的专家咨询，查明原因后，可有针对性地进行补救。

（6）其他原因。土壤过于黏重，播种过深或过浅，以及施肥不当引起的烧苗，药剂处理不当引起的幼苗中毒等都会导致红苗现象。

2.应对措施　针对各种原因引起的幼苗发红现象，缺磷时可以在基肥中施入磷肥，每亩可施过磷酸钙10～15kg，或者在幼苗生长期通过叶面施肥补充磷肥。同时要整平土地，开挖排水沟，做到雨停水干，田间不积水。对于地下害虫，可以通过药剂浸种或拌种（最好使用包衣），以及土壤消毒处理。播种过浅或旱苗要适时浇水，中耕松土保墒，以促壮苗。

三、紫苗

紫苗是指幼苗叶片、叶鞘由绿色变红色，最后呈紫色（图4-13）。紫苗在3叶期开始出现症状，4～5叶期表现突出，症状明显，根系不发达，茎细小，生长缓慢，叶片由绿色变紫色，最后枯死。紫苗可导致玉米空秆、秃尖，影响产量，降低品质。

1.发生原因

（1）土壤缺磷。磷素不足，叶绿素合成受阻，碳水化合物代谢障碍，叶片内积累糖分过多形成花青素，叶片由绿色变紫色。

图4-13　紫苗

（2）低温。出苗后遇低温，根系发育不良，吸收能力降低，一般3叶期后出现症状。

（3）土壤通气透水性差。由于地势低洼，积水或地面板结，导致玉米根系发育不良，引起玉米幼苗变红或变紫。紫苗在低温、板结和排水不良的地块上出现得较多。

（4）其他原因。地下害虫危害，土壤过于黏重，播种过深或过浅，施肥不当引起的烧苗，药剂处理不当，等等。

2.应对措施　增施农家肥，保肥、保水、壮苗、提高地温，增强玉米的抗病性、抗药性。防治玉米紫苗可选择微生物肥或含有机质的肥料作底肥。增施磷肥，提高地温，一般每亩施40～50kg过磷酸钙和腐熟的有机肥作底肥，进行防治。叶面喷施0.2%的磷酸二氢钾溶液或1%过磷酸钙溶液2～3次，每隔3d喷1次。及时改善低洼易涝地的土壤通透性（做好排水、深松等），促进土壤吸热增温。

四、黄绿苗

1.危害症状　苗期最明显，玉米苗叶片细窄、株型矮小，叶片出现黄绿相间的条纹，严重时叶片呈深褐色，最后焦枯死亡（图4-14）。症状从下部叶片开始，逐渐向上部叶片转移。此类玉米苗极易出现倒伏。

2.主要原因　黄绿苗由遗传因素引起，受遗传基因控制。土壤缺钾也可引起黄绿苗。

3.防治措施　不选择具有黄绿苗遗传基因的品种。非遗传因素引起的黄绿苗，测定其土壤的钾素含量，确定适宜的钾肥施用量。苗期表现出缺钾症状的玉米田，

图4-14　黄绿苗

可施用草木灰，也可在玉米3叶期用磷酸二氢钾溶液或草木灰浸出液喷洒在茎叶上。

五、黄苗

黄苗会影响玉米正常生长发育，初期叶色淡绿，逐渐变黄，严重时枯死，易造成空秆或秃尖，导致减产（图4-15）。

（一）发生原因

品种特性（生理性黄苗），种子质量差，种植密度过大，播种过深，间苗和定苗不及时，浇水不足，土壤缺素（缺

图4-15　黄苗

锌型、缺钾型、缺氮型、缺铁型、缺锰型、缺铜型、缺镁型），病害（苗枯病、纹枯病），虫害（地下害虫等），除草剂药害，旱灾，涝灾等均会引起玉米黄苗。

（二）常见类型

1. **生理性黄苗** 由品种特性造成，与遗传基因有关。植株主要症状是下部叶片干尖、黄叶，根部发育正常，一般在5叶期后恢复正常。在玉米叶片发黄时喷洒芸薹素内酯，可促进快速恢复。

2. **种子质量造成的黄苗** 田间多表现为发生面积大、长势参差不齐，生长缓慢。此类苗收获时果穗小、均匀度差，甚至少结穗或不结穗。也有个别植株，出苗时就会出现叶片发黄或发红现象。

3. **种植管理造成的黄苗** 一是播种太深。过深会出现弱苗、黄苗，播深应控制在3～5cm，同时施入一定量种肥，促进壮苗。二是间苗、定苗不及时。玉米出苗后，应在3～4叶期、5叶期定苗，避免幼苗拥挤，互相争肥、争水、争光，形成弱苗、病苗、黄苗；留苗数要根据品种的不同而灵活掌握，按照栽培品种所要求的密度定苗。三是浇水不足。播前或播后浇水不足，种子得不到充足的水分，不能正常发芽出苗，出土时间过长造成弱苗、黄苗。

4. **缺素型黄苗**

（1）缺氮型黄苗。叶色浅黄，一般是下部叶片的叶尖开始发病变黄，然后从叶尖沿中脉向基部扩展，顺叶尖向内部发展呈倒V形，先黄后枯（这是与缺钾症状的区别，缺钾型叶片黄化形状是顺叶尖呈V形；与缺硫症状相似，但缺硫性黄苗首先表现在新叶）。叶面喷施0.5%～1%的尿素溶液，同时追施尿素等速效氮肥防治。

（2）缺钾型黄苗。老叶前端发黄，叶尖及边缘易干枯、焦灼，一般叶脉仍保持绿色（这是与缺氮性黄苗的典型区别），严重时叶片干枯。通常从下部向上发展。幼苗发育缓慢，植株矮小，叶片较长，茎秆细小而柔弱。通过底肥施足钾肥或每亩补施氯化钾5～10kg，叶面喷施钾肥（连喷2次），可起到防治效果。

（3）缺锌型黄苗。新生幼叶呈淡黄绿色，拔节后，病叶中肋两侧出现黄白条斑，严重时呈宽而白的斑块（缺锌叶片的斑块呈黄白色或白色，这是与其他黄苗的最大区别），病叶遇风易撕裂。病株节间缩短、矮化，有时出现叶枕错位现象；抽雄、吐丝延迟，个别不能抽穗或果穗发育不良。叶面喷施多元微肥类增产剂可防治。

（4）缺铁型黄苗。幼叶脉间呈条纹状失绿发黄，先发生于新叶，中、下部叶片为黄绿色条纹，老叶呈绿色（这是与缺镁症状的区别，缺镁型黄苗先发生于老叶，与铜肥过剩相似）。失绿部分色泽均一，一般不出现坏死斑点（这是与缺锰症状的区别，缺锰型黄苗有棕色斑点存在）。严重时整个叶片失绿发白。施足底肥或用0.2%～0.5%的硫酸亚铁溶液叶面喷施2次，可有效防治。

（5）缺锰型黄苗。典型症状表现为：幼叶的脉间组织逐渐变黄（这是与缺镁症状的区别，缺镁型黄苗先发生于老叶），叶脉及其附近部分仍保持绿色，会形成黄、绿相间的条纹；严重时，叶片会出现棕色或黑褐色的斑点（这是与缺铁症状的区别，缺铁型黄苗一般没有斑点），并逐渐扩展到整个叶片。叶片弯曲、下披，根系较细，长而白。用高锰酸钾或者含锰元素的多元微肥类增产剂在苗期、拔节期各喷1次，可有效防治。

（6）缺铜型黄苗。上部叶片或嫩叶发黄。叶尖卷缩、叶边不齐，叶片卷曲、反转；幼叶易萎蔫，老叶易在叶舌处弯曲或折断。用0.1%的硫酸铜溶液或含铜的多元微肥类增产剂在苗期、拔节期各喷1次，可有效防治。

（7）缺镁型黄苗。从下部叶片开始发黄，随后叶脉间出现由黄到白的条纹（与缺铁、缺锰症状近似，但缺铁型黄苗、缺锰型黄苗先在新生叶表现），严重时叶脉间组织干枯。一般很少发生，用1%～2%的钙镁磷肥溶液在拔节期前后各喷1次，即可有效防治。

5. 病害造成的黄苗　纹枯病造成的黄苗，从玉米下部叶片发病，由外向里变黄，茎基部、叶鞘处先出现灰绿色水渍状近圆形病斑，逐渐变为白色、淡黄色、褐色波浪式轮纹状斑块。当空气相对湿度较大时，在病斑上会出现白霉，根系上也会产生霉变。一般用常规种衣剂包衣处理就可预防，往年发病重的地块，每亩可在播前用2%戊唑醇10g拌种。田间植株发病时，可选用5%井冈霉素可溶粉剂1 000倍液＋50%多菌灵可溶粉剂500倍液、25%戊唑醇可溶粉剂1 500倍液等喷雾，重点喷施于茎基部。同时混用营养调节剂，能有效壮苗，提高防治效果。

6. 虫害造成黄苗

（1）耕葵粉蚧造成的黄苗。此类苗叶片浅黄，植株生长迟缓，逐渐萎蔫。（表现与缺水缺肥症状相似，极易混淆）。挖出植株，在根系密集处可见蜡末状、米粒大小的耕葵粉蚧，根部有许多细小黑点，甚至出现黑根、烂根，严重时植株叶鞘内、茎基部都会发病。

（2）地下害虫造成的黄苗。地老虎、蛴螬、金针虫、蝼蛄等地下害虫危害玉米根部，使根系受损、生长受阻，造成植株萎蔫黄苗，症状与缺水缺肥的黄苗相似。可通过在播前用含克百威*的种衣剂包衣处理种子进行预防。已发病地块，可选药剂喷施于植株叶鞘处，以药液顺茎流入根部的方式进行防治。

（三）统防措施

及时进行中耕。松土散墒、破除板结，增强土壤透气能力，促进植株健

---

　　*　克百威禁止在蔬菜、瓜果、茶叶、菌类、中草药材上使用；禁止在甘蔗作物上使用。——编者注

壮生长。增施肥料。及时喷施叶面肥或追肥，采取前轻后重原则，进行2次追肥；或采取前轻中重后补原则，分3次进行追肥，充分提高肥料利用率，有条件的要增施有机肥。发现病虫害及时防治，控制危害蔓延。加强管理，低洼冷凉地块要注意挖沟排水，以提高地温。必要时人工辅助授粉，促进穗大粒饱。

六、白苗

玉米表现为叶片或全株白色的现象，一般在苗期出现，严重时影响玉米生长，给农户带来损失。

（一）常见类型

1.遗传造成的白苗　幼苗在出土后就表现为白苗，这是一种遗传现象，一般在制种田中出现，在生产上极少见，生产上的白苗多与种子有关。幼苗白化后，无法形成叶绿素，不能进行光合作用，只能依靠种子本身含有的养分存活，在种子养分耗尽后就会死亡。

2.缺锌造成的白苗　在玉米4叶期开始发病，心叶基部叶色变淡，呈黄白色；5～6叶期叶片出现淡黄色和淡绿色相间的条纹，叶脉仍为绿色，基部出现紫色条纹；经10～15d，叶肉变薄，紫色逐渐变成黄白色、半透明白色，植株矮化，节间缩短，叶片丛生（图4-16）。严重时整个地块发病，叶片干枯，植株死亡，颗粒无收。

图4-16　白苗

（二）应对措施

1.遗传造成的白苗　对玉米经济价值影响不大，应在选育时直接舍弃。

2.缺锌造成的白苗

（1）预防措施。锌肥作种肥，每亩可施用硫酸锌1.5～2.0kg，与尿素、磷酸氢二铵、硝酸铵等混匀作种肥，或用1kg硫酸锌和10～15kg细土混匀后，播种时撒在种子旁边作为种肥。需注意种肥间距，防止烧苗。锌肥拌种，1kg硫酸锌拌25kg玉米种子，方法是用2～3kg温水，溶解1kg锌肥，待全部溶解后，将锌肥溶液均匀地喷到玉米种子上，使种子表面都沾上锌肥，阴干后播种。叶喷锌肥，将100～150g硫酸锌溶于50kg水中，配成0.2%～0.3%的硫酸锌溶液，在玉米苗期或拔节期喷施，每亩喷施10kg为宜。

（2）补救措施。已经出现白苗的玉米，每亩可施用0.2～0.3kg的硫酸锌，溶于100kg水中进行喷雾，每隔7d喷施1次，连续喷施2～3次，即可有效缓解白苗。

七、僵苗

1.危害症状 僵苗主要发生在刚出苗至3叶期，主要特征：茎叶发蔫，茎秆纤细，长势弱，茎秆僵硬，有一些发黄的迹象，没有活力；生长缓慢，株高仅为正常苗的70%左右；黑根多，严重时植株干枯死亡（图4-17）。

图4-17　僵苗

存活下来的植株，生育时期推迟，抽雄期、吐丝期、成熟期分别比正常推迟4～8d。由于植株营养生长不良，营养体较小，空秆率较高，果穗缺粒秃尖严重（一般穗粒数减少10%～15%，空秆率增长10%～15%），可减产20%～30%，严重地块颗粒无收。

2.发生原因 播种时土壤墒情不好，种子萌发时吸收不到充足的水分，出苗后形成僵苗。地块硬，种子萌发后顶土出苗困难，出土后形成僵苗。出苗后，在干旱的条件下生长，玉米苗发蔫，不旺盛，形成僵苗。一些种肥同播的地块，肥料和种子之间的距离太近，烧种，出苗后烧根，形成僵苗。封闭除草剂使用过量或者喷施时间过晚，也会导致僵苗出现。

3.应对措施

（1）预防措施。足墒播种，干旱情况播种要及时补水灌溉。底肥要适量，可追施农家肥、有机肥。种肥同播时，要控制好种子和肥料间距。苗前封闭时，要严格控制用药时间和用药量，出苗后，谨慎使用封闭药或不再进行封闭。建议使用苗后除草剂进行除草。

（2）补救措施。出现僵苗后，要及时加强水肥管理，促进苗势恢复；若僵苗发生严重，变成了死苗，应紧跟农时进行补种。

第七节　分　蘖

一、概述

玉米分蘖是指主茎基部腋芽分化出的侧枝，通常是无效分蘖，没有经济产量。分蘖弱小易倒伏，易感染病虫害；分蘖继续生长会消耗田间营养，分流一部分主茎养分，削弱主茎生长势。分蘖现象一般在苗期至拔节期出现。

二、分蘖原因

玉米每个节位的叶腋处都有1个腋芽，除顶部5 ~ 8节位的腋芽外，其余腋芽均可发育。受玉米植株顶端优势影响，基部腋芽生长受抑制一般不会形成分蘖。玉米分蘖现象与品种特性、群体密度、水肥管理、逆境等条件有关。

1. 品种特性的影响　分蘖是禾谷类作物的固有属性，品种间有差异。不同品种在相同栽培条件下，会表现出不同的分蘖特性，顶端优势弱的品种更易产生分蘖。

2. 群体密度的影响　群体密度过小，植株有充足的生长空间和光、热、水资源，易发生分蘖现象。周边植株或有缺苗断垄的地方，其生长空间大，有边行优势，易发生分蘖；分蘖性不强的品种在群体密度过小时，会出现分蘖；分蘖性强的品种在群体密度过小时，分蘖现象尤为明显。群体密度太大造成田间郁闭，顶端优势不明显，也会导致分蘖发生。

3. 水肥管理的影响　同一品种在不同管理条件下，会表现出不同的分蘖特性。水肥过剩、养分不均衡都会导致分蘖现象发生。田间土壤养分和水分供应充足时，分蘖能最大限度发生；个别种植户常年不施底肥，在苗期中后期至大喇叭口期追肥时，不施或少施农家肥，只追施尿素等单一的氮素化肥，会造成氮素过剩，"三素"供给不平衡，土壤的综合肥力下降，加剧分蘖现象发生。

4. 逆境的影响　春播气温低，顶端优势不明显，玉米分蘖概率大。苗期干旱蹲苗，顶端优势受抑制，会造成分蘖。玉米生长期高温干旱，造成主茎上部生长发育障碍，会出现分蘖现象。玉米遭受某些病害时，会发生分蘖现象。如玉米在生长期间遭受低温阴雨、田间郁闭、日照不足、通风不畅、涝渍时，会发生霜霉病，引起分蘖现象。粗缩病，苗后除草剂药害、控制茎秆高度的化控剂药害等都可能使玉米产生分蘖（图4-18）。

图4-18　分蘖

三、分蘖的去留

普通夏玉米品种的分蘖，一般不用去除。7月底，植株顶端优势明显，分蘖一般长势弱，心叶枯萎，开始萎缩，养分回流。分蘖可增加叶面积，促进干物质量增加、土壤根系数量增多。去除分蘖费时费工，增加种植成本，建议保留。

鲜食玉米的分蘖影响品质，要去除分蘖（图4-19）；玉米制种田的分蘖，影响制种质量，要去除；饲用玉米保留分蘖可提高生物量。

图4-19　去除分蘖

四、去除分蘖的方法

一只手稳住主茎基部，另一只手抓住分蘖基部，向一侧斜拉将分蘖掰掉，切不可损伤主茎（去除分蘖会在植株上形成伤口，是对植株的一种物理性伤害，在伤口自我修复过程中，会出现病虫害入侵、真菌感染，一般影响不大）。拔除分蘖后，要进行中耕培土。

五、应对措施

1.品种选择　通过咨询、邻家对比、试验种植等方式，选购分蘖性弱或不分蘖的玉米品种种植。

2.合理密植　根据品种农艺性状（株型、叶片夹角等），确定合理的群体密度，能有效防止分蘖的发生。

3.结合中耕培土人工除去　玉米在苗期至大喇叭口期产生的分蘖，可在中耕培土的同时人工去除分蘖。

4.改善田间灌排水条件　种植玉米时，需避开遮阴地块或洼地死角，设置适宜行向和株行距，改善田间通风透光状况，预防病害及分蘖发生。

5.科学施肥　按作物需肥特点和土壤养分状况，采取测土配方施肥和看苗追肥，注重施肥对土壤肥力的整体影响和持续性改良，既能提高土壤对固态养分、水分、气体的调节及供给能力，增强农作物的抗逆能力，又可以防止分蘖现象发生。追肥种类以磷酸氢二铵和尿素为主，配施有机肥。

第八节 化 控

一、概述

植物化控技术与植物激素生理研究有密切关系。玉米化控是指应用植物生长调节剂,通过影响玉米内源激素系统(主要是激素的合成、运输、代谢、与受体的结合及此后的信号转导过程),调节玉米内源激素水平,使其朝着预期的方向和程度发生变化。玉米化控主要应用于对种子和幼苗的影响、对玉米生长的影响和对玉米抗逆性的影响。这里重点介绍对玉米生长的影响,即常说的控旺。

二、化控剂及化控时间

1.常用控旺剂　矮壮素、甲哌鎓、乙烯利、三唑类(多效唑和烯效唑)等。

2.喷药时间　玉米6 ~ 12叶期(完全展开叶)。其中,7 ~ 9叶期(玉米高度60 ~ 70cm)为控旺最佳时期(图4-20)。控旺过早,玉米茎秆细弱、矮小,长势不旺。控旺过迟,玉米生长发育不良,出现不正常的缩节现象(茎基部节间未缩短,中部节间缩短),起不到抗倒伏目的;玉米雄穗分化障碍,花期不遇,花粉量少,授粉质量差。

图4-20　7叶1心期

三、化控效果及目的

1.效果　喷药后叶片变宽变短、浓绿肥厚,光合势增强;茎增粗,茎秆机械韧性增强,运输营养速度加快;节间缩短,株高、穗位高降低,植株重心降低；气生根（霸王根）层数、条数增加，根系固定能力和吸收水肥能力增强（图4-21）。

2.目的　合理高效地喷施化控剂，可调控植株高度，使植株长势更加合理、生长健壮，降低其倒伏风险。化控剂还能促进营养物质向穗部运转，减少空秆、秃尖，促进增产。

图4-21　化控效果

四、化控技巧

（1）要适期控旺，不可提前或拖后。化控剂使用不当会造成早衰减产、倒伏倒折等后果。

（2）严格控制用药量，按照说明配制药液，随配随用，不能久存。

（3）不与农药、化肥混用，以防失效。

（4）人工喷雾时，可用双喷头喷雾器一次喷两行，提高效率。

五、注意事项

（1）高水肥、耐密植的高产田适于化控；低肥田，缺苗补种地块，长势弱（弱苗、黄苗、小苗）地块不宜化控。

（2）茎秆细、株高和穗位高的品种宜进行控旺；茎秆粗壮、根系发达、抗风抗灾能力强的品种不需要控旺。

（3）特用玉米品种不宜化控。

（4）高温天气不喷、旱天不喷，尽量选择晴天17：00—19：00喷施；喷药后4h内遇雨需要重喷，重喷时药量应减半。

（5）喷高不喷低，喷旺不喷弱，喷绿不喷黄。均匀地喷洒在上部叶片上，不可全株喷施。不重喷，不漏喷。

（6）用药时不抽烟、不喝水、不吃东西。喷完药及时洗净手脸及衣物。

（7）选择正规厂家的化控产品。

第九节　倒伏倒折

一、概述

每年各地都有不同程度的玉米倒伏倒折现象发生，处理不当会造成不同程度的损失（图4-22）。

图 4-22　倒伏倒折

二、发生原因

发生原因有品种选择不当、密度不当、施肥不当、排灌不当、病虫危害、极端天气等。另外，倒伏倒折还与玉米生育时期有关。如：大喇叭口期植株较高，气生根未完全长出，"头重脚轻"，对大风最为敏感，倒伏倒折风险大。倒伏倒折还与玉米种植区环境条件有关。不同玉米产区强对流大风天气发生的时期和程度，对倒伏倒折发生产生不同影响。茎秆发育阶段高温、多雨、寡照天气不利于茎秆干物质积累和机械强度形成。雨养地区经常风雨同步，使土壤松软，加之大风，容易发生根倒。从不同产区看，黄淮海夏玉米区自然灾害重，倒伏率最高。

三、补救措施

1.自然恢复　倒伏较轻（茎与地面夹角大于45°）的玉米，一般不采取扶直措施，让其随着生长自然直立起来（图4-23）。玉米在孕穗期前倒伏，不可扶。倒伏后3d内能自然挺起或弯曲向上生长，靠近地面的茎节迅速扎根。随着根量增加，一般不会二次倒伏，对产量基本没影响。一旦扶起，必伤根，且不再扎根，不仅影响产量，还易发生二次倒伏。

图 4-23　轻度倒伏

2.人工扶植　倒伏严重（图4-24），特别是匍匐的玉米，应及时进行人工扶直，并在根部培土。由于玉米茎基部第一、第二节间比较脆弱，扶直时要防止茎折和伤根。扶直可两人配合，一人扶直、一人培土，培土高度以7～8cm为宜，培土后用脚踏实。

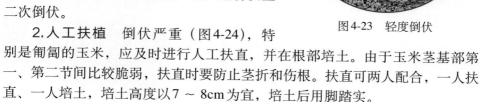

3.**及时补种**　茎折断的玉米，伤口以上部分枯死，光合作用和灌浆停止（图4-25）。要尽快把折断植株清除出田间以免腐烂，影响正常植株生长。茎折断严重的地块，应紧跟农时清理地块，补种生育期较短的萝卜、白菜等作物。

图4-24　重度倒伏　　　　　　　　　图4-25　倒折

4.**加强水肥管理**　发生倒伏倒折后，玉米光合作用减弱，生理机能受到扰乱，可追施速效氮肥，喷施磷酸二氢钾等叶面肥，提高光合效能，促进植株尽快恢复正常生长。

四、预防措施

选种抗倒性品种，根据当地气候调整播期，合理密植，科学田管（适期蹲苗、科学控旺、配方施肥、适时适量灌溉、及时排积水、适时中耕培土等）。

第十节　空秆及果穗异常

一、概述

在玉米生产中，空秆（无果穗、有穗无粒、穗粒数少于10粒），果穗异常（结实性差、籽粒发育不良、畸形）现象时有发生，会造成玉米产量下降甚至绝收（图4-26）。

二、空秆原因

1.**遗传因素**　因遗传原因造成的空秆是种子内在问题，这种现象一般在育种时已被淘汰，在实际生产中较为少见。

图4-26　空秆

2.气候因素 高温、干旱、多雨、低温寡照等不利气候条件,影响玉米植株正常生长发育,增高玉米空秆率。生长期田间干旱造成小苗,其营养生长和生殖生长受到抑制,植株矮小或茎秆细弱,不能正常结穗,空秆率增高。在玉米抽雄、吐丝期间出现的高温干旱、连日阴雨、低温寡照天气会阻碍雌雄穗吐丝散粉,降低花粉、花丝活力,授粉质量差,形成空秆。

3.土壤因素 土壤贫瘠,耕作层较浅,蓄水保肥能力差的地块,易出现空秆现象。

4.管理因素 营养物质和水分供应不足,满足不了果穗分化需求,造成植株矮小细弱,叶色发黄,雌穗分化发育受阻,空秆率增高;营养物质和水分供应失衡,植株体内营养元素配合比例失调,特别是氮多磷少和缺硼时,果穗分化速度迟缓,开花延迟,造成空秆。病虫防治不及时,严重影响果穗发育时也易造成空秆。

5.密度因素 群体密度过大,造成田间郁闭、通风不畅、光照不足,植物光合作用减弱,合成有机营养减少,雌穗分化异常或不能正常吐丝,空秆率增高。在同等施肥条件下,随着种植密度的增大,同一品种的空秆率逐渐增高。

三、空秆应对措施

1.选用优良品种 选择适合当地种植的稳产、高抗、适应性强、耐高温热害、光敏感不强的品种。

2.合理密植 合理密植,群体内通风透光良好,有利于充分利用光能和地力,是减少玉米空秆、倒伏的主要措施。实际生产中可依茬口、土壤肥力和施肥水平调节密度。

3.加强田间管理 合理配比施肥,增施有机肥,使田间营养均衡协调。加强苗期管理,控大苗、促小苗,消灭3类苗(黄苗、弱苗、小苗),提高玉米群体整齐度。必要时进行人工辅助授粉,去掉无效株,改善田间通风透光条件。此外,要合理灌溉,加强病虫害防控。

四、果穗异常类型

主要类型:秃尖、缺粒、籽粒未灌浆、拧尖果穗(啤酒瓶果穗)、钝穗(啤酒听穗)、旱灾穗、干瘪穗、拉链穗(香蕉穗)、滞育穗、流苏穗、多穗、杠铃穗、手掌穗、籽粒红线等(图4-27)。

图4-27 异常果穗

其中，玉米多穗现象较常见。从形态角度上来看，主要有3种。多指穗在植株中部的同一茎节（叶）处同时长出多个果穗，形似手指状，基本不结籽，是最常见的一种多穗现象；单秆多穗，主茎上不同茎节处，长出多个果穗，致使玉米单株上结多个无效果穗；多秆多穗，主茎和分蘖上都结出果穗。

五、果穗异常原因

1.异常天气影响　生育期遭受严重干旱或授粉后受冰雹影响叶片受损严重，会形成拉链穗；拔节初期遭遇高温干旱，雄穗分化发育受阻，养分在茎节上的过度积累，刺激腋芽的发育，会形成多穗现象；生长期受到冰雹、霜冻、洪涝等的影响，分蘖的生长点受损，会形成流苏穗；具有甜玉米遗传基因的品种，在雌穗形成期遭遇低温危害，易出现杠铃穗、手掌穗；雌穗形成期间（8～12叶），受干旱、低温影响，穗的顶端细胞分裂组织受到损伤，果穗纵向伸长受到抑制，会形成钝穗；开花授粉期遇到高温干旱、连日阴雨寡照，影响雌雄穗开花散粉，雌穗授粉质量差，会发生秃尖、缺粒、籽粒未灌浆等现象（图4-28）；授粉后期遭遇低温危害，产生温光反应，容易出现籽粒红线现象（在品种之间有差异）；营养生长中期至籽粒灌浆中期因高温少雨导致严重干旱，会形成旱灾穗；蜡熟至完熟期，受冰雹、低温和高温干旱影响，造成冻害和早衰，会形成干瘪穗；在玉米成熟期，多雨且温度适宜时，籽粒在果穗上就开始萌发出芽，出现穗萌现象（图4-29）（常伴随着穗腐病共同发生）。

图4-28　籽粒未灌浆　　　　　　　图4-29　穗萌

2.密度影响　密度过大，玉米授粉不好，在遇到适宜的环境和良好的水肥条件时，促使主穗位以下果穗的发育，形成多穗。密度过大造成植株早衰，会形成干瘪穗；密度过小，边行上易出现多穗。

3.水肥管理影响　在玉米播种或苗期追肥时，氮肥过量，茎秆营养积累过多，刺激腋芽发育，出现多穗；玉米生育期，田间缺磷，影响授粉质量，会产生缺粒现象；浇水过量，土壤过度饱和，易形成流苏穗；雌穗形成期间

（8～12叶期），营养不足或失衡，果穗纵向伸长受到抑制，会形成钝穗；营养生长中期至籽粒灌浆中期，田间缺氮且严重干旱时会形成旱灾穗；蜡熟至完熟期缺钾，会形成干瘪穗；籽粒发育前期缺氮，会发生秃尖现象（图4-30）。

图4-30　秃尖

4.药害影响　拔节期，化控剂用药时期和用量不当，抑制玉米顶端的生长，形成多穗（图4-31）；受除草剂影响，分蘖生长点受损，会形成流苏穗；7～10叶期，全田喷洒乳酸合成抑制剂或磺酰脲类除草剂（烟嘧磺隆），尤其与有机磷杀虫剂混用，会扰乱穗分化，导致穗行数分化缺失，形成拧尖果穗；12～14叶展叶期间，喷施大剂量的非离子表面活性剂（如有机硅、乳化剂等），造成雌穗卵细胞发育障碍，会形成滞育穗；因除草剂药害，使花粉供应不足，会产生缺粒现象。

图4-31　多穗

5.病虫危害影响　雌雄穗遭受蚜虫、草地贪夜蛾等危害时，花粉、花丝发育不良，茎秆和果穗受到黏虫、玉米螟等害虫的钻蛀咬食，会发生缺粒现象（图4-32）。雌穗形成期间（8～12叶期），虫害严重，穗的顶端细胞分裂组织受到损伤，果穗纵向伸长受到抑制，会形成钝穗；籽粒发育前期受叶部病害影响，会出现秃尖现象。蜡熟至完熟期受叶部病害影响，会形成干瘪穗。

6.其他原因　植株遭受机械性损伤，使分蘖的生长点受损，会形成流苏穗；土地板结，尤其地边土地板结，易形成流苏穗。生育期内，植株生长不均衡，花粉供应量不足，会发生缺粒现象。

图4-32　缺粒

六、果穗异常应对措施

选种耐高温热害、多抗的玉米品种，确保大田稳产丰产。合理密植，按照品种栽培建议，合理安排种植密度，必要时可适期间苗、定苗、补苗、移栽。根据玉米需水、需肥规律，加强水肥管理，确保田间墒情均匀适度、营养充足、养分协调，遭遇干旱应及时补水灌溉，根据具体情况可随时安排追肥。科学用药，按照使用说明书，控制好用药时期和用药量，防止药害发生。加强病虫草害防控，坚持预防为主、防治结合的原则。多穗现象严重时，可及时掰掉除主穗外的其他果穗。

第十一节　返祖现象

一、概述

返祖现象：玉米植株雄穗上结玉米粒或果穗，雌穗顶部长出雄穗或直接变成雄穗，不能结实的现象（图4-33）。俗称两性穗或阴阳穗，对产量影响不大，但当雌穗直接变成雄穗的返祖比例超过2%时会造成减产。

图4-33　返祖现象

二、发生原因

1. 机理分析　玉米两性穗的产生主要是因为玉米在大喇叭口期（雌雄穗分化期）遭遇不良环境或生长条件不利，植株正常发育受阻。

2. 主要原因

（1）品种因素。品种种植时间过长，尤其自留种，会因品种退化和不良环境等影响产生玉米返祖现象。一般鲜食玉米发生多于普通玉米。

（2）气候因素。在大喇叭口期遭遇18℃以下低温冷害、3～5d 38℃左右高温热害或阴雨寡照天气，易发生返祖现象（图4-34）。一般春玉米发生多于夏玉米。

图4-34　玉米返祖

（3）栽培管理因素。播种偏早，低温影响。3—4月播种较早的甜糯玉米，若在玉米大喇叭口期遭遇低温倒春寒影响时，会发生返祖现象，分蘖较大的侧枝多于主茎。玉米大喇叭口期前后出现高温干旱或积水，与品种退化等因素叠加也会发生返祖现象。

（4）病虫害因素。大喇叭口期前后，玉米螟、大斑病、小斑病、弯孢霉叶斑病、褐斑病等危害严重时，玉米植株生长发育不良，易发生返祖现象。

三、应对措施

1.选用优良品种，适期播种　选购正规渠道审定的适宜当地栽培的品种，可有效防止品种退化。春玉米不宜播种过早，尤其生育期较短的鲜食玉米等，以防止低温（倒春寒）影响幼穗分化而诱发两性穗。

2.加强大喇叭口期前后的水肥管理　玉米拔节后，需肥需水量大，要保持水肥充足，供应均衡，尤其在早熟品种8片叶、中熟品种9片叶、晚熟品种10片叶展开后及时追施玉米穗肥。通常高产田穗肥宜占总追肥量的60%～70%（拔节肥20%～30%，攻粒肥10%），并以速效肥为主，比如穗肥一般亩施尿素15～20kg。土壤肥力偏低、基肥不足、田间苗势差的要多施拔节肥，少施穗肥。田间干旱时要及时浇水，雨多则要及时排水，防止田间水分过少或过多影响幼穗及其小花分化，诱发两性穗发生。

3.加强病虫害防治　玉米拔节后至抽穗前，要重点防治好玉米大斑病、小斑病、弯孢霉叶斑病、褐斑病和玉米螟等病虫害。

4.两性穗防治　玉米返祖现象发生较少，对于雄穗返祖结籽或长果穗的情况，一般无需采取措施；对于雌穗整体变为雄穗情况，应早发现、早清除，宜在晴天上午进行人工剪除，既可有效减少田间养分消耗，又利于正常果穗的快速萌发和受精结实。

第十二节　特用玉米

一、概述

特用玉米是指具有特殊用途和较高经济价值的玉米种类，是根据不同需要培育出的适合特殊用途的优质玉米品种，具有专用性、优质性、高效性等特点，其产业化对我国农业结构的调整具有示范作用（图4-35）。

二、主要类型

目前，国内相继培育出一批具有推广应用价值的特用玉米品种，按照玉

图4-35　特用玉米

米的特殊用途不同，将特用玉米分为甜玉米、糯玉米、高油玉米、高蛋白玉米、高淀粉玉米和其他特用玉米，如爆裂玉米、笋用玉米、饲用玉米等多个类型。

1.甜玉米　甜玉米，又称水果玉米和蔬菜玉米，分普通甜玉米（标准甜玉米）和超甜玉米（特甜玉米），主要用于鲜食和速冻，是由普通玉米突变选育而成。1968年我国首次育成"北京白砂糖"甜玉米品种。甜玉米特点：籽粒瘦秕，胚乳含糖量高，甜度高，营养丰富，蛋白质含量高于普通玉米，赖氨酸含量与高赖氨酸玉米相同。甜玉米中普通甜玉米含糖量为普通玉米的2～2.5倍，超甜玉米的含糖量是普通玉米含糖量的2～3倍，甜度为一般西瓜的2倍多。甜玉米果皮柔嫩，味带糯性，适口性好，既可鲜食，又可速冻保鲜，还可制成罐头。甜玉米多为早熟品种，有白粒、黄粒2种。青穗收获后，秸秆是优质青贮饲料，后茬作物可种植白菜等秋菜，适于在大中城市附近种植，经济效益显著。品种有甜单8号、津鲜1号等。

2.糯玉米　糯玉米，又称黏玉米或蜡质玉米，分为白糯玉米、黑糯玉米和彩糯玉米，颜色主要为白色、黄色、紫色、黑色、彩色。胚乳中的淀粉全部为支链淀粉，水解后易形成黏稠状的糊精；水溶性蛋白质和盐溶性蛋白质的含量都比较高，而醇溶蛋白质比较低；赖氨酸含量一般要比普通玉米高30%～60%。因此，糯玉米籽粒的蛋白质品质高于普通玉米，大大改善了籽粒的食用品质，提高了营养价值。糯玉米主要用于轻工业加工变性淀粉，变性淀粉可用于印染工业。其特点是：与普通玉米相比，糯性强、黏软清香、甘甜适口、风味独特。秸秆可作优质青贮饲料。品种有烟糯6号、中糯1号、鲁糯玉米1号等。

3.高油玉米　高油玉米，是一种含油量很高的玉米，籽粒含油量高达8%～9%，比普通玉米（4%）高1倍左右，主要作为化工原料使用或加工食用，是一种粮油饲兼用作物。其玉米油色泽淡黄透明，气味芳香，营养丰富，油酸、亚油酸含量高，富含赖氨酸和色氨酸等，是一种优质食用油，对人体具有较好的保健功能。高油玉米产量不低于普通玉米，单产油量较普通玉米大大提高。品种有高油115等。

4.高蛋白玉米 高蛋白玉米，又称优质蛋白玉米、高赖氨酸玉米、高营养玉米。籽粒中赖氨酸含量达到0.4%，其籽粒中人体及单胃动物体内不能合成的赖氨酸、色氨酸含量比普通玉米高1倍以上，生物价值较高的其他蛋白质含量也远超普通玉米。高蛋白玉米营养丰富，品质优良，可制作优质食品，也可作为畜禽的优质精饲料。品种有鲁单203、中单9409和中单3880等。

5.高淀粉玉米 高淀粉玉米是指籽粒粗淀粉含量在74%以上的专用型玉米。目前，玉米商品粮籽粒中淀粉含量在70%以上的品种，也被视为高淀粉玉米品种。其籽粒中淀粉含量高于普通玉米，是制造抗生素的重要原料。玉米淀粉不仅自身的用途广，还可进一步加工转化成变性淀粉、稀黏淀粉、工业酒精、食用酒精、味精、葡萄糖、糖浆等500多种产品，广泛用于造纸、食品、纺织、医药等行业。品种有四单19号等。

6.爆裂玉米 爆裂玉米是一种专门爆制玉米花的玉米类型，可作膨化食品原料，粒小如米粒，分为米粒型和珍珠型2种。爆裂玉米加温后可自然爆炸成玉米花，花大、色泽好、松脆、有香味，营养丰富，容易消化，是一种多纤维、低热量的碳水化合物食品。品种有豫爆2号、鲁爆玉1号等。

7.笋用玉米 笋用玉米是一种多穗型甜玉米或多穗玉米，玉米幼穗称为玉米笋（图4-36）。笋用玉米的用途是采摘玉米的幼嫩雌穗做菜或加工玉米笋罐头。其特点是：单株多穗，一般单株结穗4～6个，其穗清脆可口，味道鲜美，营养丰富。品种有甜笋101、甜笋杂4号、鲁笋玉1号等。

8.饲用玉米 饲用玉米，又称青饲玉米、青贮玉米，是专门用于生产青茎叶做青贮饲料的玉米。这种玉米一般植株高大、品质好，具有高产、优质、抗病等特点，秸秆青贮产量高于普通玉米。灌浆期收获，

图4-36 笋用玉米

每亩可产饲料4 000～5 000kg，成熟时茎叶仍然青绿，且汁液丰富，穗大粒多。既可在高密度下生产青饲料，又可在正常密度下生产粮食，同时收获青饲料。品种有辽洋白、郑青贮1号等。

三、籽粒颜色

1.颜色分类 玉米籽粒颜色由果（种）皮颜色，糊粉层（此层中富含蛋

白质，又称蛋白质层）颜色，胚乳颜色决定。主要呈现出白色、黄色、紫色、黑色、红色等（图4-37）。籽粒呈黄色是由于玉米籽粒果皮和糊粉层颜色是无色的，只有胚乳显示出黄色所致；籽粒呈紫色是由于玉米籽粒果皮为无色，而糊粉层呈紫色所致，这是由遗传基因决定的。

图4-37　籽粒颜色

2.遗传学分析　在普通大田情况下，玉米籽粒果皮和糊粉层颜色是无色的，只有胚乳显示出黄色或白色。决定黄色胚乳性状的基因为Y_1，在6L-13位置上，为显性基因。基因型为Yy或YY的籽粒，胚乳颜色均为黄色；基因型为yy的籽粒，胚乳颜色为白色。因此，白色籽粒和黄色籽粒较为常见。

玉米籽粒的颜色与籽粒果皮颜色有关。决定果皮的基因为P_1，位于1S-26，基因型为Pww或Pwr的籽粒，果皮颜色为白色（无色）；基因型为Prr的籽粒，果皮颜色为红色。若果皮是无色的，则糊粉层在适当的遗传背景下，可以由紫色、红色和棕红色素形成，从而表现出不同色泽。紫色糊粉层的出现至少需要9个显性基因，即A_1、A_2、BZ_1、BZ_2、C_1、C_2、In、Pr和R。R基因与B基因作用相似，因此可以为B基因所取代。在A_1、A_2、C_1、C_2和R基因中，只要有1个处于隐性状态，就不会有色素出现，它们属于互补基因，而BZ_1、BZ_2中有1个处于隐性状态，糊粉层中就产生棕色素及极其微量的紫色素，混合成为古铜色。如果BZ_1、BZ_2都处于隐性状态，则不再产生色素。In、Pr基因可视为色素的修饰基因，各种显性基因与Pr相结合产生紫色素，与pr结合产生红色素。in的作用在于提高花青素的含量，可增加颜色的强度，有in的组合颜色就深，有In的组合颜色就浅，In也能使果皮变成棕色。

3.实例拓展

（1）彩色玉米。白色玉米与紫色玉米杂交后，受到自身花青素和胡萝卜素等色素影响，在其杂交种的果穗上呈现出多种颜色，即通常说的彩色玉米（图4-38）。彩色玉米属于正常现象，不是通过生物技术转入了外来基因或注入了某种颜色。

（2）果皮杂交后代变色真相。籽粒颜色的呈现是由作物自身的基因决定的。玉米籽粒果皮是由珠被发育而来，若当代玉

图4-38　彩色玉米

米果皮基因型为*Pww*或*Pwr*，其果皮颜色没有受到外来花粉基因影响，仍为白色；若籽粒颜色变了，则可能是糊粉层颜色改变所致。例如，用紫糯花粉给中糯1号品种授粉，中糯1号籽粒有的变成紫色，而其果皮仍为白色。

　　4.黑玉米揭秘　黑玉米外观透明、内实黑亮，其籽粒角质层不同程度地沉淀黑色素，富含天然花青素，花青素本身并不是黑色，而是紫红色或蓝紫色（图4-39）。根据显色程度不同，黑玉米会呈现出红色、紫红色，色素浓度较高的时候会呈现出黑色。因此，黑玉米籽粒呈现出黑色是花青素含量高造成的。水煮后黑玉米可能会"掉色"，这不是"染色"造成的，是水煮后玉米中的植物色素和花青素被渗透出来所致。这些植物色素并没有害处，同紫甘蓝、反枝苋等一样，

图4-39　黑玉米

有着很高的营养价值。因此，呈现黑色和水煮后掉色都属于正常现象。

　　其实，黑玉米是通过传统杂交育种方式选育出来的，有着非常悠久的种植历史，在古时被称为御麦面，还曾被选为贡品。其营养价值是其他谷物的2～8倍，含有18种普通玉米没有却是人体必需的氨基酸和微量元素，富含花青素。花青素是公认的超强抗氧化剂，抗氧化性能比维生素E高出50倍，比维生素C高出20倍，能有效预防皮肤衰老。黑玉米有着"黑果之王"的美誉，黑色素含量高，其颜色越深，花青素含量越高。对于经常熬夜和上网的现代人来说，是很好的天然食品。

四、甜度和黏度

　　1.甜玉米为什么甜？　从植物学角度来说，玉米种子可以分为果皮（种皮）、胚、胚乳3部分，影响玉米甜度的关键因素在胚乳中。玉米在成熟过程中会通过光合作用产生葡萄糖，并运输到胚乳，以淀粉的形式储存起来，而淀粉本身吃起来没有甜味，所以普通玉米味道不甜。在历史长河中，一些玉米中的一个或几个基因发生自然突变，阻止糖分向淀粉转化，使这些玉米的还原糖和蔗糖含量显著高于普通玉米，尤其是积累大量水溶性多糖，形成甜玉米。甜玉米其实是自然突变的"小缺陷"，却意外带来了美味。

　　2.糯玉米为什么黏？　糯玉米是自然变异而演变出的一种玉米类型，由隐性基因（*wx*）控制的遗传性状表现为糯性。

　　糯玉米籽粒所含淀粉为支链淀粉（煮熟后富有黏性，冷却后复热，依然具

有较高的黏度），其蛋白质、氨基酸等含量均高于普通玉米，尤其是赖氨酸含量比普通玉米高30%～60%，被称作"黄金作物"。

图4-40　甜加糯玉米

3.甜加糯玉米由来　我国育种家将甜和糯的特色风味结合起来，选育出一种又甜又糯的新型品种，即甜加糯玉米品种（图4-40）。在同一个玉米棒上，可根据需要呈现甜与糯的比例搭配育种。甜加糯玉米商品性好、口感好，由我国育种家独创，是属于中国玉米的一张国际名片。

4.生物安全性　目前，市场上推广应用的鲜食玉米品种（甜玉米、糯玉米、甜加糯玉米）都是通过传统育种方法培育出来的，需经过多年多点种植试验、转基因测试、抗病鉴定、品质分析、各级专家委员会的田间考察评审，表现达标的杂交种才能通过审定，然后在市场销售。这些品种都是安全的，可以放心食用。

五、特用玉米栽培技术概述

特用玉米（特别是以鲜食为主的专用玉米）的特殊用途，决定了其栽培技术上的特殊要求。

1.选地整地　大部分特用玉米（甜玉米、糯玉米、爆裂玉米等）的籽粒秕瘦，幼芽顶土能力差，苗瘦弱，要选择在耕层深厚、有机质含量丰富、不板结、保水保肥性能好、排灌方便的中性或弱酸性壤土、沙壤土种植。整地时，做到土壤疏松、平整、无坷垃、土壤墒情均匀良好。同步施入优质有机肥，并配合施入适量磷肥、钾肥和氮肥。

2.隔离种植　防止与其他类型玉米串粉。特用玉米（尤以鲜食为主的特用玉米）的性状多由隐性基因控制，种植时要与其他玉米品种隔离，尽量减少其他玉米花粉的干扰，否则将失去或弱化其原有特性，影响品质，降低或失去商品价值。生产上隔离方法主要有以下3种：自然屏障（村庄、树带、山头、果园等）隔离，空间隔离（一般350～400m空间内，应无其他玉米品种种植），时间隔离（调节播期，与其他品种错开花期）。其中以自然屏障隔离和空间隔离效果较好。

3.品种选择　谨慎选择品种，目前示范应用的优质特用玉米品种有部分未经审定，在种植时先少引试种，待品种表现稳定、适宜当地条件时，再扩大种植。

4.适时播种、合理密植 应根据品种熟期和用途不同确定适宜播期。作为食用青嫩果穗的玉米，为延长采收期和市场供应时间，可采用催芽早播、保护地栽培或分期播种；若用于籽实加工，则应早播、催芽（露地直播或保护地栽培），并结合其他促熟措施。种植密度可根据土壤肥力程度和品种自身特性来确定：株型紧凑，早熟矮小品种宜密植；株型平展，晚熟高大品种宜稀植。肥水条件应遵循"肥地水分足宜密、瘦地水分不足宜稀"的原则。

5.合理施肥 特用玉米施肥数量与普通玉米相同，应施足底肥、做好追肥。在施肥种类上，除氮肥、磷肥外，应重视优质农家肥和钾肥的施用，以利于提高特用玉米的品质和风味。

6.加强田间管理 田间管理与普通玉米大体相同，但对分蘖力强的特用玉米，为保证其主茎果穗有充足养分、促早熟，必须及早掰除分蘖，一次掰不净可多次掰除。同时注意防治病虫害，防治方法同普通玉米。糯、甜类型玉米易受蚜虫、玉米螟危害，应重点防治，坚持"以农业防治、物理防治、生物防治为主，化学防治为辅"的无害化防治原则。为提高结实率，可进行人工辅助授粉。

7.实时采收 应根据品种类型、生育期长短、气候条件、用途等实时收获。糯玉米、甜玉米在乳熟期收获，籽用玉米在蜡熟期后收获。

六、特用玉米管理要点

1.甜玉米

（1）隔离种植。甜玉米接受普通玉米花粉后，会发生花粉直感现象，品质明显下降。因此，甜玉米要与其他玉米隔离种植，防止串粉。

（2）精细播种。播种前要精选种子，精量播种。超甜玉米播种深度不宜超过3cm，普通甜玉米不宜超过4cm。以鲜食为目的，为提早上市，可采用地膜覆盖栽培。

（3）虫害防控。甜玉米植株比普通玉米甜，发生虫害重，特别是玉米果穗遭玉米螟、金龟子咬噬后，商品质量下降。因此，防治虫害对甜玉米尤为重要。

（4）适期采收。甜玉米适宜采收期一般在授粉后20d左右。

2.糯玉米

（1）隔离种植。有空间隔离、时间隔离和自然屏障隔离3种方法。空间隔离距离一般为350～400m。时间隔离要求春播相隔不少于40d，夏播相隔不少于25d。自然屏障隔离可在糯玉米周围种植高粱、红麻等高秆作物，以达到隔离目的。

（2）分期播种。没有冷藏条件，栽培目的为鲜食的，为连续供应市场，可进行春播、夏播或多期播种，也可在3月下旬至4月初铺膜栽培，提早上市。

（3）防治害虫。玉米果穗受金龟子、玉米螟、棉铃虫危害后，商品质量下降，应及时防治。

（4）适期收获。鲜食一般在授粉后25～30d采收；磨粉应在玉米完全成熟时收获。

3. 高油玉米

（1）品种选择。应选择含油量高、高产、抗病的优良品种，如中国农业大学培育的高油1、高油2、高油6、高油8和高油115等。

（2）适期播种。可在麦收前7～10d进行套种或麦收后进行贴茬播种，也可采用育苗移栽的方法进行种植。高油玉米适宜种植密度为每亩4 000～4 500株。

（3）科学施肥。为促进植株生长健壮，提高粒重和含油量，应增施氮肥、磷肥、钾肥。一般每亩施有机肥1 000～2 000kg、五氧化二磷（P_2O_5）8kg、纯氮8～10kg、硫酸锌（$ZnSO_4$）1～2kg，苗期每亩追施纯氮2～3kg，拔节后5～7d每亩重施纯氮10～12kg。

（4）化学调控。一般在大喇叭口期每亩喷施玉米甲哌鎓30mL。及时防治病虫害。高油玉米对大斑病、小斑病有较强抗性，但玉米螟发生率较高。可在大喇叭口期使用辛硫磷、氯虫苯甲酰胺等颗粒剂进行灌心防治。在高发生区，可在吐丝期再用1次药，施于雌蕊上，可有效减少损失，确保高产丰收。

4. 高蛋白玉米

（1）品种选择。选种时应遵循3个原则，一是籽粒赖氨酸含量在0.4%左右，二是选用硬质或半硬质胚乳型的品种，三是产量水平、农艺水平和适应性与生产上应用的普通玉米品种水平相近。目前常用品种有中单9409、鲁单206、LD803等。

（2）播种。高蛋白玉米必须实行隔离种植，以避免串粉。一般隔离距离要达到400m以上。春播区，播期一般可在4月底前，播期过早温度低，种子发芽出苗慢，易出现烂籽缺苗现象；夏播区，播期一般应在6月1日前，躲开高温多湿天气，以免发生穗腐病。目前生产上的高蛋白玉米多属于平展型品种，每亩适宜种植密度3 000～4 500株。播前精选种子，去除破粒、霉粒、虫蛀粒，并选晴天晒种1～2d。为确保一播全苗，播前进行浸种催芽。

（3）施肥。基肥应本着"增施有机肥、施足磷钾肥、适施氮肥"的原则。磷肥适宜施用量为：当土壤有效磷含量小于10mg/kg时，每亩施纯磷（P_2O_5）5～10kg；当土壤有效磷含量为10～30mg/kg时，每亩施纯磷0～5kg；当土壤有效磷含量大于30mg/kg时，可不施。钾肥施用量为：当土壤速效钾含量小于30mg/kg时，每亩施纯钾（K_2O）10～15kg；当土壤速效钾含量为30～150mg/kg时，每亩施纯钾（K_2O）0～10kg；当土壤速效钾含量超过150mg/kg时，可不施。氮肥作基肥的用量宜为每亩6～9kg。

（4）病虫害防治。高蛋白玉米更应重视穗腐病的防治，一般吐丝后的7～15d是防治穗腐病的关键期，特别是在高温高湿天气条件下，可用50%多菌灵可湿性粉剂或50%甲基硫菌灵可湿性粉剂1 000倍液喷洒果穗及下部茎叶进行防治。

（5）及时收获。高蛋白玉米苞叶变黄就已基本成熟，应选晴天抓紧收获，及时进行晾晒。高蛋白玉米成熟时含水量较高，成熟后的籽粒脱水速度慢，要待籽粒含水量降到15%～16%时再脱粒。脱粒后再晒干至籽粒含水量12%～13%时方可入库贮藏。

5.高淀粉玉米　精细整地，施足底肥，适期播种，合理密植。

6.爆裂玉米　精细播种。爆裂玉米籽粒小，出苗慢，要精细播种。不用隔离。大部分爆裂玉米品种具有异交不育的特性，即花丝只能接受自身或同品种的花粉而受精结实，传授其他类型玉米的花粉后，则表现为异交不结实，因而种植时不必隔离。完熟期收获。爆裂玉米的籽粒只有在充分成熟后，才能加工出最大爆花系数的爆米花。

7.笋用玉米

（1）因地制宜，选用良种。宜选用单株产笋较多的品种，目前生产上应用较多的品种有冀特3号（株高180～200cm，抗病性较好，单株可产笋3～4个，较受农户欢迎）、甜笋101（单株虽产笋在3个以下，但笋形美观，符合出口要求）。

（2）适时播种，合理密植。播期应根据农时季节及生产厂家的生产加工能力，统一规划，分批播种。一般春季种植，可在4月初采用薄膜移栽，6月中旬即可开始采收；秋季种植可在7月底播种（秋播可直播或育苗移栽），9月上旬开始采收。

（3）科学施肥，精细管理。笋用玉米在施肥上，应掌握以"早施勤追，少吃多餐"为好，施肥次数以4～5次为宜。

（4）适时收获，及时销售。正常情况下，春播约70d后可以采收，秋播60d左右即可采收。

8.饲用玉米

（1）分期播种，提高密度。直接以青饲为主的栽培，为了延长青饲料的供应时间，可分期播种，间隔时间为15～20d。饲用玉米的种植密度一般比粮用玉米提高1/3。

（2）水肥充足。由于饲用玉米种植密度较大，对水肥要求很高，因此要适当增施氮、磷、钾肥，特别是增施钾肥，同时要及时浇水，以获得较高的饲草产量。

（3）适期收割。青贮玉米整株鲜草产量在授粉后20～30d较高，干物质产量随着收获期的延迟不断增长，不同青贮玉米品种的干物质分配差异很大。从干物质积累角度讲，北方寒地青贮玉米适宜收获期为授粉后40～50d。夏播区玉米的最佳收割期一般在授粉后乳熟期和蜡熟期。青贮玉米品种繁多，产量和品质与品种、收获期、气候条件、栽培条件有关，具体收获期应灵活掌握，有效积温高和肥水条件好会提前，有效积温低和肥水条件差会拖后。

第十三节 转 基 因

一、转基因玉米

转基因玉米是利用现代分子生物技术，把外源基因片段（特定生物体基因组中的目标基因或人工合成指定序列的DNA片段）导入需改良玉米的遗传物质中，使其后代表现出能稳定遗传的目标性状（图4-41）。培育转基因玉米的核心技术是转基因技术，即利用DNA重组技术，将外源基因转移到受体生物中，使之产生定向的、稳定遗传的改变，使受体生物获得新的性状（图4-42）。外源基因不参与转基因玉米的外形发育和有颜色物质的合成，所以转基因玉米和普通玉米外观一样，肉眼难分辨。如抗虫玉米，转入Bt蛋白基因，使玉米表达Bt蛋白，产生抗虫效果，但籽粒外观无差别。可借助一定分子生物学技术从蛋白质的检测、基因组DNA的检测、转录组RNA的检测3个层面来判断样品材料是不是转基因材料，最简单快速且大众可以亲自操作的就是转基因检测试纸条。

转基因玉米的选育方向主要是抗除草剂、抗虫、耐旱、耐寒等。已知的转基因玉米品种主要有转基因玉米Bt-176（具有抗鳞翅目尤其是玉米螟等害虫及耐草甘膦除草剂等特性）、转基因玉米NK603、转基因玉米MON810、转植酸酶基因玉米BVLA430101等。

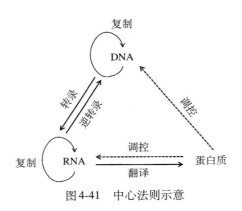

图4-41　中心法则示意

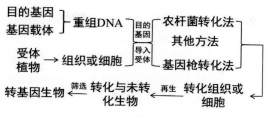

图 4-42　转基因流程

转基因玉米的某些改良性状符合人们的要求，但它的安全性仍饱受争议。科学家及各国政府对转基因玉米持有不同态度。国内转基因玉米处于试验阶段，市场上少有转基因玉米品种。

二、农业转基因现状

农业转基因生物是指利用基因工程技术改变基因组构成，用于农业生产或者农产品加工的植物、动物、微生物及其产品。主要包括：转基因动植物（含种子、种畜禽、水产苗种）和微生物；转基因动植物产品、微生物产品；转基因农产品的直接加工品等。

目前，已经培育出一批抗虫水稻、抗虫玉米、抗除草剂大豆新品系，育成新型转基因抗虫棉新品种 147 个。农业转基因应用可减少农药使用 40 万 t，产生社会经济效益 450 亿元。

2021 年 2 月 18 日，农业农村部发布了《农业农村部办公厅关于鼓励农业转基因生物原始创新和规范生物材料转移转让转育的通知》（以下简称《通知》），鼓励农业转基因生物原始创新，农业转基因产业化将迈入快车道。其中提出，支持从事新基因、新性状、新技术、新产品等创新性强的农业转基因生物研发活动，新研发的农业转基因生物应比同类已获批生产应用安全证书的农业转基因生物有所突破、有所创新、有所进步。不支持低水平、同质化研发活动。

农业农村部 2021 年 2 月 22 日披露，根据统计，自 1996 年批准转基因生物商业化种植以来，全球种植转基因作物已经累计达到 26.67 亿 hm²，涉及 29 个国家，还有 40 多个国家和地区进口转基因农产品。因此，农业转基因技术是现代生物育种的一个重要方面，也是发展最快、应用最广泛的现代生物技术。

三、常见转基因问题

1. 圣女果、紫薯、彩椒等是转基因作物吗？　这些都不是转基因作物。目前我国批准种植的转基因作物只有棉花和番木瓜。2015 年转基因棉花推广种植 333.33 万 hm²，番木瓜种植 1 万 hm²。国内市场上流通的转基因相关产品可分为2类：一类是我国自己种植和生产的转基因抗虫棉和转基因抗病毒番木瓜；另一类是从国外进口的转基因大豆、转基因玉米、转基因油菜、转基因甜菜和转基因棉花，主要用作加工原料。小麦、水稻、水果，以及蔬菜包括圣女果、大蒜、洋葱、紫薯、马铃薯、彩椒、胡萝卜等，都不是转基因作物。

2.转基因作物致癌吗？ 当前，通过批准上市的转基因产品都是安全的，不会致癌。为保障转基因产品安全，国际食品法典委员会（CAC）、联合国粮食及农业组织（FAO）、世界卫生组织（WHO）等制定了一系列转基因生物安全评价标准，是全球公认的评价准则。依照这些评价准则，各国制定了相应的评价规范和标准。从科学研究角度讲，众多国际专业机构对转基因产品的安全性已有权威结论，通过批准上市的转基因产品都是安全的。从生产和消费实践看，截至2021年2月22日，全球累计种植转基因作物近26.67hm^2，至今未发现被证实的转基因食品安全事件。因此，经过科学家安全评价、政府严格审批的转基因产品是安全的。

我国已经形成了一整套适合我国国情并与国际接轨的法律法规、技术规程和管理体系，为我国农业转基因安全管理提供了有力保障。我国在2016年就已按照全球公认的评价准则，建立了涵盖1个国务院条例、5个部门规章的法律法规体系，覆盖转基因研究、试验、生产、加工、经营、进口许可审批和产品强制标识等各环节；组建了由64名专家院士等组成的国家农业转基因生物安全委员会，47位专家组成的全国农业转基因生物安全管理标准化技术委员会，42个第三方检验测试机构；国务院建立了由12个部门组成的农业转基因生物安全管理部际联席会议制度；农业农村部设立了农业转基因生物安全管理办公室，县级以上农业行政主管部门负责本行政区域转基因安全监督管理工作。

3.进口大量转基因大豆的主要用途是什么？ 2015年，我国进口8 169万t大豆，接近国内产量的7倍，其中大部分都是转基因大豆。目前，我国进口大豆主要用于两方面：一是饲料豆粕，二是食用豆油。以食用豆油为例，在我国食用油产量大量增长的背景下，人均使用量年消费从20世纪80年代初的2.6kg增加到目前的22kg，我国进口大豆是必须的。转基因大豆是安全的，我国进口安全审批非常严格，审批决策非常审慎，在安全评价过程中，已充分考虑了已知的各种用途。

凡申请我国进口安全证书，必须满足4个前置条件。一是输出国家或者地区已经允许相关产品作为相应用途并投放市场。二是输出国家或者地区经过科学试验证明对人类、动物、植物、微生物和生态环境无害。三是经过我国认定的农业转基因生物技术检验机构检测，确认对人类、动物、植物、微生物和生态环境不存在风险。四是有相应的用途安全管制措施，批准进口安全证书后，进口与否，进口多少，由市场决定。2014年全球大豆种植面积1.1亿hm²，其中转基因大豆约0.91亿hm²。全球最大的大豆出口国美国转基因大豆种植比例为95%，阿根廷、巴西几乎全部种植转基因大豆。因此在全球大豆贸易中，主要是转基因大豆。

4.如何管理转基因技术的推广？　有安全证书的转基因作物要商业化种植还有多个门槛。推进转基因作物的产业化，首先，要严格按照法律法规开展安全评价和安全管理，获得生产应用安全证书；其次，是按照非食用、间接食用和食用的路线图来推进；最后，充分考虑产业需求，重点解决制约我国农业发展的抗病、抗虫、节水抗旱、高产优质等瓶颈问题。我国已批准发放了转基因棉花、番木瓜、水稻、玉米等作物生产应用安全证书，以及大豆、玉米、油菜、棉花、甜菜进口安全证书。但这些作物要商业化种植，还需满足其他条件。申请进口安全证书的品种还需获得生产应用安全证书；主要农作物还需要按《种子法》的规定通过品种审定；种子生产经营者还需要经过知识产权权利人的同意才能生产经营。基于我国现有转基因大豆、玉米、水稻的研发状况，以及产业需求，我们目前还没有批准商业化种植。

5.转基因作物监管状况如何？　农业农村部对转基因的监管工作高度重视，严格依法监管，严肃查处违法种植转基因作物行为，不存在所谓的"滥种"现象，总体可控。针对个别地区存在的违法种植情况，均予以严厉打击。相关案例：湖北农业农村厅联合公安部门成立专案组，铲除了非法种植的水稻田块，近年来仍在持续加大执法力度。在农业农村部近年组织的例行监测中，湖北基本上没有发现转基因水稻的种植。黑龙江农业农村厅也派驻工作组全面排查，未发现非法种植转基因大豆。辽宁农业农村厅联合公安部门、市场监督管理局等坚决依法查处有关案件，公开了3起已经结案的转基因玉米种子违法案件。2015年农业部在新疆、甘肃销毁了玉米制种田66.67hm²，在海南省铲除违规转基因玉米6.67hm²，所涉转基因材料全部销毁。经过严格执法、严厉查处、严厉打击、公开曝光，转基因作物违规种植得到了有效遏制。

参考文献

曹广才,张建华,杨镇,等,2015.玉米种植的维度和海拔效应[M].北京:气象出版社.

车艳芳,杨英茹,等,2013.现代玉米高产优质栽培技术[M].石家庄:河北科学技术出版社.

方玄昌,等,2019.转基因的前世今生.[M].北京:北京日报出版社.

李春俭,等,2018.玉米高产与养分高效的理论基础[M].北京:中国农业大学出版社.

李少昆,等,2010.玉米抗逆减灾栽培[M].北京:金盾出版社.

李少昆,刘永红,等,2011.玉米高产高效栽培模式[M].北京:金盾出版社.

李少昆,石洁,崔彦宏,等,2011.黄淮海夏玉米田间种植手册[M].北京:中国农业出版社.

李少昆,王崇桃,2010.玉米高产潜力·途径[M].北京:科学出版社.

李少昆,王崇桃,2010.玉米生产技术创新·扩散[M].北京:科学出版社.

李绍明,刘哲,安冬,等,2015.作物品种选育、测试与推广信息技术[M].北京:中国农业出版社.

刘珺,2017.黄淮海区夏玉米种植面积和空间分布变化检测遥感研究[M].北京:中国农业科学技术出版社.

鲁剑巍,李荣,等,2010.玉米常见缺素症状图谱及矫正技术[M].北京:中国农业出版社.

马春红,高占林,张海剑,等,2016.玉米抗逆减灾技术[M].北京:中国农业科学技术出版社.

孟庆翔,杨军香,2016.全株玉米青贮制作与质量评价[M].北京:中国农业科学技术出版社.

农业农村部市场预警专家委员会,2021.中国农业展望报告(2021—2030)[M].北京:中国农业科学技术出版社.

仇焕广,徐志刚,吕开宇,等,2015.中国玉米产业经济研究[M].北京:中国农业出版社.

石德权,等,2006.玉米高产新技术[M].北京:金盾出版社.

石洁,王振营,2010.玉米病虫害防治彩色图谱[M].北京:中国农业出版社.

宋志伟,王德利,等,2019.玉米科学施肥[M].北京:机械工业出版社.

孙欣,任泉君,等,2004.玉米杂交制种实用技术问答[M].北京:金盾出版社.

孙耀邦,等,1999.特用玉米种植技术[M].北京:中国农业出版社.

王加启,等,2005.青贮专用玉米高产栽培与青贮技术[M].北京:金盾出版社.

王忠孝,等,1998.玉米栽培关键技术问答[M].北京:中国农业出版社.

肖俊夫,宋毅夫,2017.中国玉米灌溉与排水[M].北京:中国农业科学技术出版社.

薛世川,彭正萍,等,2009.玉米科学施肥技术[M].北京:金盾出版社.

岳德荣,2004.中国玉米品质区划及产业布局[M].北京:中国农业出版社.

张东兴, 2014. 玉米全程机械化生产技术与装备 [M]. 北京: 中国农业大学出版社.

张光华, 戴建国, 赖军臣, 等, 2011. 玉米常见病虫害防治 [M]. 北京: 中国劳动社会保障出版社.

张利辉, 王艳辉, 董金皋, 等, 2016. 玉米田杂草防治原色图鉴 [M]. 北京: 科学出版社.

张玉聚, 王守国, 袁文先, 等, 2012. 玉米除草剂使用技术图解 [M]. 北京: 金盾出版社.

赵久然, 等, 2017. 玉米研究文选 (续 2007—2012 年) [M]. 北京: 中国农业科学技术出版社.

赵久然, 王荣焕, 陈传永, 等, 2012. 玉米生产技术大全 [M]. 北京: 中国农业出版社.

周波, 胡学安, 等, 2006. 优质特用玉米栽培技术 [M]. 郑州: 中原农民出版社.

下 篇

玉米病虫草害
防治技术

第五章

玉米常见病虫草害

一、苗期特点

　　玉米从出苗到拔节这一阶段为苗期（图5-1）。该期以营养生长为主，以根系建成为中心。生育特点：地上部生长相对缓慢，根系生长迅速。玉米幼苗对环境条件反应敏感，抗病虫害能力弱，植株如遭受病虫害的侵袭，易造成弱苗和死苗。

图5-1　苗期

二、常见病虫草害

　　1.苗期常见病害　烂籽病、根腐病、粗缩病、矮花叶病、红叶病、苗枯病、褐斑病等。

　　2.苗期常见害虫　地老虎、蝼蛄、蟋蟀、蛴螬、金针虫、蓟马、黏虫、棉铃虫、蝗虫、大螟、灰飞虱、二点委夜蛾、草地贪夜蛾、耕葵粉蚧、椿象等。

　　3.苗期常见杂草　马齿苋、反枝苋、苘麻、铁苋菜、马唐等。

三、防治原则

玉米苗期病虫害防治要坚持"以防为主、治早治小、综合防治"的原则，着重于农业防治，选用抗病虫品种，同时做好种子处理，合理施肥，适当用药剂防治，做到尽早防治地下害虫和田间杂草，喷雾杀虫、防病毒病，控制和减轻早期病虫害的发生。

第二节 穗 期

一、穗期特点

玉米从拔节到抽雄这一阶段为穗期（图5-2）。该期是营养器官生长旺盛期，植株开始由营养生长转向营养生长与生殖生长并进时期。生育特点：叶片增大，茎秆伸长，地上部茎秆和叶片以及地下部次生根生长迅速，雌雄穗等生殖器官开始分化形成，这一时期是玉米生长发育最旺盛的阶段。

图5-2 穗期

二、常见病虫草害

1.穗期常见病害 纹枯病、疯顶病、茎腐病、顶腐病、根结线虫病、褐斑病、瘤黑粉病等。

2.穗期常见害虫 玉米螟、甜菜夜蛾、金针虫、蝗虫、叶蝉、盲蝽、棉铃虫、叶甲、铁甲虫、灯蛾、古毒蛾、刺蛾、美国白蛾等。

3.穗期常见杂草 牛筋草、马齿苋、苍耳、藜、苘麻、曼陀罗、刺儿菜、反枝苋等。

三、防治原则

玉米穗期病虫害防治要加强预测预报，及时防治，以绿色防控技术为支撑，并坚持"预防为主，综合防治"的原则。适当采用农业防治与生物防治、化学防治相结合的方法，循环交替用药，防止抗药性产生。

第三节　花粒期

一、花粒期特点

从玉米抽雄至成熟这一阶段为花粒期（图5-3）。该期的根、茎、叶等营养器官生长发育基本停止，转向以开花、授粉、受精和籽粒灌浆为核心的生殖生长阶段，是玉米产量形成的关键时期。生育特点：玉米植株根系吸收营养、叶片光合作用的产物及植株茎秆储存的营养物质都向果穗输送，来完成果穗的籽粒产量合成。籽粒灌浆中后期根系和叶片开始逐渐衰亡，此期玉米植株的抗性降低，易受到病虫害的侵袭。

图5-3　花粒期

二、常见病虫草害

1. 花粒期常见病害　丝黑穗病、瘤黑粉病、穗腐病、疯顶病、普通锈病、南方锈病、茎腐病、大斑病、小斑病、弯孢霉叶斑病、灰斑病、褐斑病、纹枯病、鞘腐病等。

2. 花粒期常见害虫　桃蛀螟、高粱条螟、玉米螟、大螟、斜纹夜蛾、古毒蛾、蚜虫、蝗虫、蟋蟀、棉铃虫、黏虫、金龟子等。

3.花粒期常见杂草　马唐、牛筋草、狗尾草、香附子、菟丝子、曼陀罗、藜等。

三、防治原则

玉米花粒期病虫害防治坚持以预防为主，专业化防治与绿色防控相结合，合理运用生物防治、生态防治、物理防治、化学防治等多种措施综合并用原则。提前做好预测预报，利用黑光灯、性诱剂、糖醋液、释放天敌等多种防治技术来降低虫口基数，必要时及时采取化学药剂防治病虫害，达到绿色增效防控的目的。

第六章
玉米虫害识别及防治技术

第一节　常见地下害虫及其防治

一、地老虎

地老虎俗称土蚕、切根虫，属鳞翅目夜蛾科。种类多，危害玉米的主要有小地老虎、黄地老虎和大地老虎。其中小地老虎分布最广，危害最重（图6-1）。

1.**为害状**　地老虎是多食性害虫，危害各种农作物。小龄幼虫为害植株叶片，咬成小孔，缺刻状；大龄幼虫为害时常切断幼苗近地面的茎部，使整株枯死，造成缺苗断垄。

图6-1　地老虎幼虫形态特征

2.**发生规律**　小地老虎和黄地老虎一般1年发生2～3代，大地老虎在我国各地均有发生，一般1年发生1代。以老熟幼虫或蛹在土中越冬。成虫白天潜伏，夜间活动、取食，卵多散产于贴近地面的叶背面或嫩茎上，也可直接产于土表及残枝上。

3.**防治方法**　地老虎的防治必须采取诱集、除草、药剂防治等相结合的措施，及时清除田间地头杂草，防止成虫在杂草上产卵。利用黑光灯、糖醋液、性诱剂诱杀成虫。药剂防治可采用药剂拌种方法，用噻虫嗪、吡虫啉、氯虫苯甲酰胺、溴氰虫酰胺和丁硫克百威等种衣剂包衣玉米种子；也可通过撒施毒土、毒饵进行防治。将麦麸等饵料炒香（每亩4～5kg），加入90%敌百虫原药（0.5kg），用热水溶解后再加清水5kg拌成毒饵，于傍晚顺垄撒于玉米根系附近，诱杀大龄幼虫。喷雾防治在幼虫3龄前，当心叶被害率达到5%时进行药剂防治效果最佳，于傍晚选用2.5%溴氰菊酯乳油2 000倍液、20%氰戊菊酯*乳油3 000倍液、40%辛硫磷乳油1 000倍液在茎叶或玉米苗周围土表层喷雾。

二、蝼蛄

蝼蛄俗称拉拉蛄、土狗子，属直翅目蝼蛄科。危害玉米严重的主要是华北蝼蛄（图6-2）和东方蝼蛄2种。

图6-2　华北蝼蛄形态特征

1.为害状　蝼蛄的若虫、成虫直接取食萌动的种子，或咬断幼苗的根茎，咬断处呈乱麻状，造成植株萎蔫。蝼蛄常在地表土层穿行，形成隧道，使幼苗与土壤分离并失水干枯而死。

2.发生规律　华北蝼蛄2～3年发生1代，东方蝼蛄1～2年发生1代。以成虫和若虫在土中越冬。昼伏夜出，有强烈的趋光性。

3.防治方法　①毒饵诱杀：用40%辛硫磷乳油25～40倍液或40%乐果**乳油10倍液，每亩加炒香的麦麸、米糠或豆饼等5kg，傍晚撒于田间，注意不要撒在叶片上，易产生药害。②药剂拌种：方法同地老虎防治。③还可利用蝼蛄趋光性设置黑光灯诱杀；利用蝼蛄对马牛粪等未腐烂有机质的趋性，在玉米地边缘挖坑放置马牛粪或鲜草诱虫，集中捕杀。

三、金针虫

金针虫俗称铁丝虫，其成虫俗称叩头虫，为鞘翅目叩甲科幼虫的通称。常见的种类有沟金针虫、细胸金针虫、褐纹金针虫和宽背金针虫，其中以沟金针虫发生危害最为严重（图6-3）。

图6-3　金针虫及叩头虫的形态特征

＊　氰戊菊酯，禁止在茶叶上使用。——编者注
＊＊　乐果，禁止在蔬菜、瓜果、茶叶、菌类和种草药材作物上使用。——编者注

1.为害状　成虫在地上取食嫩叶，幼虫为害种子或咬断刚出土的幼苗，有的钻蛀于根茎内取食，形成褐色孔洞，被害株的主茎很少被咬断，被害部位不整齐。

2.发生规律　金针虫一般2～5年发生1代。以成虫或各龄幼虫在30cm左右深土层下越冬或越夏，成虫昼伏夜出，雄虫活泼，飞翔能力强，对黑光灯有强的趋性，雌虫无飞翔能力。幼虫在土中垂直活动性强，水平活动性略差，依土壤温度和湿度的变化而上下移动（活动深度）。夏季表土温度过高，幼虫潜入深土层，秋季再度上移危害。

3.防治方法　秋收后深翻土地，减少越冬虫源。生物防治可接种昆虫病原线虫或苏云金芽孢杆菌可湿性粉剂，按照每亩2亿条线虫量或8 000～16 000IU/mg苏云金芽孢杆菌可湿性粉剂50～100g，兑水稀释后灌注到根部或拌土撒施于根部，然后覆土灌水。化学防治可药剂拌种、施用毒土。用50%辛硫磷乳油每亩200～250g，兑水10倍稀释后喷于25～30kg细土上拌匀制成毒土，顺垄条施，随即浅锄；或用40%毒死蜱*乳油150mL拌土，5%辛硫磷颗粒剂每亩施2.5～3kg处理土壤。

四、蛴螬

蛴螬俗称白土蚕、核桃虫等，是鞘翅目金龟甲总科幼虫的统称（图6-4）。蛴螬是地下害虫种类最多、分布最广、危害最严重的一大类群。常见的有30多种，危害玉米最严重的是大黑鳃金龟、暗黑鳃金龟和铜绿丽金龟的幼虫。

1.为害状　蛴螬食性杂，主要取食刚播的种子或咬食刚出土的幼苗，咬断幼苗的根、茎（断口整齐平截），致幼苗枯死。受害玉米田块轻则断苗缺垄，重则毁种绝产。它的成虫

图6-4　蛴螬形态特征

金龟子在玉米灌浆期为害果穗，特别是玉米苞叶包得不紧的果穗，金龟子成群聚集为害，受害严重的果穗从穗尖往下能有1/3籽粒尽数被啃食。

2.发生规律　大黑鳃金龟在我国华北、西北、东北一般2年发生1代，成虫和幼虫均可于土中越冬。暗黑鳃金龟和铜绿丽金龟1年完成1代，以幼虫在土中越冬。成虫昼伏夜出，傍晚出土活动。成虫有假死性和趋光性，对未腐熟的厩肥有强烈趋性。

---

*　毒死蜱，禁止蔬菜上使用。——编者注

3.防治方法 一是农业防治：春季、秋季进行耕耙，并随犁地时捡拾蛴螬，或将蛴螬翻于地表，通过霜冻和日晒，施用腐熟厩肥等，降低虫口数量。成虫盛发期，可设置黑光灯诱杀金龟子，减少蛴螬的发生数量。二是化学防治：每亩地用35%辛硫磷微囊悬浮剂150～200g拌谷子等饵料5kg，或40%辛硫磷乳油50～100g拌饵料3～4kg，沟施；也可在成虫盛发期用3%噻虫啉微囊悬浮剂500～600倍液或20%氰戊菊酯乳油500倍液兑水1 200～1 500kg，于傍晚进行药剂喷雾防治。

第二节　刺吸式害虫及其防治

一、蚜虫

蚜虫俗称腻虫、蜜虫、油旱等，属半翅目蚜总科（图6-5）。该虫分布于全国各地，寄主广泛。危害玉米的主要有玉米蚜、禾谷缢管蚜、麦长管蚜、麦二叉蚜等，以玉米蚜发生危害最重。

图6-5　蚜虫形态特征及为害状

1.为害状 蚜虫群集于叶片背面、心叶、花丝和雌雄穗取食，刺吸植物组织汁液，同时在玉米叶片上分泌蜜露，并常在被害部位形成黑色霉状物，导致叶片变黄或发红。蚜虫不仅影响植物养分运输，还能传播玉米矮花叶病毒病和玉米红叶病，造成重大的产量损失。

2.发生规律 玉米蚜1年发生10～20代。高温干旱年份发生多，主要以成虫在小麦和禾本科杂草的心叶里越冬。翌年产生有翅蚜，迁飞至玉米心叶内、玉米叶片背面为害，雄穗抽出后，转移到雄穗上和雌穗苞叶上为害。随着虫口密度增加，逐渐向外蔓延，同时向附近玉米植株上扩散。

3.防治方法 加强栽培管理，清除田间地头杂草，可减少蚜虫的适生地和越冬寄主。充分利用天敌昆虫，如瓢虫、食蚜蝇、蚜茧蜂等，必要时可人工繁殖释放天敌控制蚜虫。化学防治：可用70%噻虫嗪种衣剂包衣或10%吡虫啉可湿性粉剂拌种，对苗期蚜虫防治效果较好。蚜虫为害初期，可用50%抗蚜威可湿性粉剂2 000倍液或25%噻虫嗪水分散粉剂6 000倍液喷雾防治。

二、蓟马

蓟马属缨翅目蓟马科。危害玉米的蓟马有玉米黄呆蓟马、禾蓟马、烟蓟马、花蓟马、黄蓟马等。蓟马为多食性害虫，寄主植物种类较多，其中主要寄主作物有烟草、玉米、棉花、葱、蒜，以及瓜类、豆类、十字花科蔬菜等（图6-6）。

图6-6 蓟马形态特征及为害状

1.为害状 蓟马以成虫、若虫锉吸玉米等寄主植物的心叶（嫩叶）、花、子房及幼果等。玉米苗期为害幼苗时，先为害心叶背面，被害植株叶片上出现成片的银灰色斑，叶片点状失绿，致使心叶上密布小白点及银白色条斑，部分叶片畸形破裂，造成心叶扭曲，呈"猪尾巴"状，难以长出，且连续发生；吸取汁液时，分泌毒素，造成受害部位霉烂，严重影响玉米的正常生长。

2.发生规律 蓟马1年发生1～10代。在禾本科杂草根基部和枯叶内越冬。翌年5月中下旬迁飞到玉米上为害。高温干旱利于此虫大面积发生，多雨季节发生少。蓟马能飞善跳，能借助气流扩散。趋光性和趋蓝性强，春播和早夏播玉米发生严重。

3.防治方法 蓟马防治要以预防为主。蓟马天敌很多，如花蝽、蛉、蜘蛛、泥蜂、蚂蚁、缨小蜂等。玉米在2～3叶期，用10%吡虫啉可湿性粉剂1 500倍液或4.5%高效氯氰菊酯乳油30～45mL或1.8%阿维菌素乳油2 000～3 000倍液，在蓟马发生初期对新叶和心叶进行喷施。还可用5%甲氨基阿维菌素苯甲酸盐水分散粒剂5 000～6 000倍液喷雾、5%啶虫脒乳油2 000倍液或10%甲氰菊酯乳油1 000～1 500倍液交替喷雾等，药液着重喷洒于心叶内，可兼治蚜虫。

三、叶螨

叶螨俗称红蜘蛛、黄蜘蛛、蛛螨，叶螨属蛛形纲真螨目叶螨科（图6-7）。危害玉米的是截形叶螨、朱砂叶螨、二斑叶螨等。

图6-7　叶螨形态特征

1.为害状　叶螨以成螨、若螨聚集于寄主叶背面取食，从下部叶片向上蔓延。被害初期为针尖大小黄白褪绿斑点；严重时，整个叶片发黄、皱缩，叶片变黄白色或褐红色，俗称"火烧叶"；更严重时整株枯死，导致减产。

2.发生规律　叶螨1年发生多代，北方1年发生12～15代，南方1年发生20多代。以雌成螨在枯叶、草根、土缝、树皮裂缝等处群集越冬。翌年5月下旬转移到玉米田局部为害。7月中旬至8月中旬形成危害高峰期。在田间呈点片分布，干旱有利于叶螨发生，降雨对其有抑制作用。

3.防治方法　叶螨世代周期较短，繁殖力强，应尽早控制虫源数量，避免其传播。生物防治：捕食螨是叶螨的重要天敌。胡瓜钝绥螨等多种植绥螨已广泛应用于叶螨的防控。此外中华草蛉、塔六点蓟马和深点食螨瓢虫等昆虫对叶螨也有一定的控制作用，应加强保护（利用天敌）。化学防治：可选用20%丁氟螨酯悬浮剂1 000～2 000倍液、20%四螨嗪悬浮剂2 000～2 500倍液、100g/L虫螨腈悬浮剂1 500～2 500倍液或3%甲氨基阿维菌素苯甲酸盐微乳剂5 500倍液喷雾防治；也可选20%哒螨灵可湿性粉剂2 000倍液、5%噻螨酮乳油2 000倍液、10%吡虫啉可湿性粉剂1 000～1 500倍液或者1.8%阿维菌素乳油4 000倍液喷雾防治，重点喷施于叶片背面、嫩茎、花器、生长点及幼果等部位。农业防治：注意清除田间地头杂草，遇高温干旱要及时浇水。

四、灰飞虱

灰飞虱俗称蠓子虫、火蠓子、响虫，属同翅目飞虱科。遍及全国各地，主要取食水稻、小麦、大麦、玉米、高粱、蔬菜等（图6-8）。

1.为害状　成虫、若虫群集于植株下部以口器刺吸玉米汁液，形成褪绿色斑点。玉米不是灰飞虱喜食作物，通过其直接为害造成的产量损失较小，但灰飞虱传播水稻条纹叶枯病、水稻黑条矮缩病、玉米粗缩病等多种病毒病，这些病害造成的产量损失较大。

2.发生规律　1年发生4～8代，因地而异。多以3～4龄若虫在麦田及

图6-8　灰飞虱形态特征及为害状

禾本科杂草上越冬，翌年春季羽化后，在麦田、绿肥田的禾本科杂草上产卵，于5月中下旬至6月上旬大量转移到玉米田为害。成虫有趋向嫩绿茂密玉米田的习性。

3.防治方法　调整播期，推迟麦后直播，错开灰飞虱迁飞期。清除田边地内杂草和自生麦苗，破坏灰飞虱的栖息地。用内吸性杀虫剂600g/L吡虫啉悬浮种衣剂等拌种，或用70%噻虫嗪种衣剂包衣可有效防治玉米粗缩病。喷雾防治可用10%吡虫啉可湿性粉剂1 000 ~ 1 500倍液、6%联菊·啶虫脒微乳剂2 000倍液、40%氧乐果*乳油1 000倍液、25%吡蚜酮可湿性粉剂2 000 ~ 2 500倍液等药剂。

五、叶蝉

叶蝉为同翅目叶蝉科昆虫的通称，全国各省份广泛分布。可危害玉米、棉花、大豆、十字花科蔬菜、马铃薯等（图6-9）。

图6-9　叶蝉形态特征

---

　*　氧乐果，禁止在蔬菜、瓜果、茶叶、菌类、中草药材上使用，禁止用于防治卫生害虫，禁止用于水生植物的病虫害防治。——编者注

1.为害状　以成虫、若虫在玉米叶片、嫩芽和嫩茎上刺吸为害，被害叶初期呈黄白色斑点，后斑点逐渐扩展成片。一般从下部叶片开始逐渐向上蔓延，严重时周缘逐渐卷缩凋萎，苍白枯死。

2.发生规律　发生代数因种类而异，以成虫在落叶、杂草上越冬。

3.防治方法　成虫发生阶段可采用黑光灯和频振式杀虫灯进行诱杀，还可复合使用黄板和性信息素提高诱杀效果。及时清除落叶及杂草，减少当年虫口密度和越冬虫源。可用20%噻嗪酮可湿性粉剂1 000倍液、25%甲萘威可湿性粉剂300倍液、10%吡虫啉可湿性粉剂1 000 ~ 1 500倍液、20%啶虫脒可湿性粉剂3 000倍液、2.5%溴氰菊酯乳油3 600倍液或2.5%氯氟氰菊酯乳油3 000倍液进行防治。

六、盲蝽

盲蝽俗称花叶虫、小臭虫，为半翅目盲蝽科昆虫。玉米上常见的有赤须盲蝽（图6-10）、绿盲蝽、三点盲蝽等。该虫食性杂，主要危害玉米、小麦、高粱、谷子、甜菜等。

图6-10　赤须盲蝽形态特征

1.为害状　以成虫、若虫刺吸玉米幼芽、嫩叶、果实等部位的汁液，被害部位初期呈现淡黄色小点，后变成白色，严重时斑点相连，呈短线状布满叶片，致叶片失水变灰绿色并从顶端向内纵卷。

2.发生规律　1年发生3 ~ 5代，以虫卵在杂草茎、叶组织内越冬。成虫寿命30 ~ 50d，多发生世代重叠，喜阴湿，具有趋光性。

3.防治方法　以化学防治为主，清除田间地头杂草，以减少早春越冬虫源的寄主。对越冬植物集中喷洒10%高效氯氰菊酯乳油2 000倍液，降低虫源数量。危害玉米时，可用10%高效氯氟氰菊酯乳油1 500倍液、10%吡虫啉可湿性粉剂1 000 ~ 1 500倍液、3%啶虫脒乳油1 500倍液、48%毒死蜱乳油1 000倍液喷雾防治。

第三节　食叶害虫及其防治

一、玉米螟

玉米螟俗称钻心虫、箭杆虫，属鳞翅目螟蛾科。国内普遍发生，可危害玉米、高粱、棉花、水稻、麦类作物、豆类作物等（图6-11）。

图6-11　玉米螟形态特征及为害状

1.为害状　初孵化幼虫爬入心叶，取食心叶叶肉，留下白色薄膜状表皮，造成花叶状。幼虫蛀食心叶，心叶展开后，出现整齐排孔；4龄后陆续蛀入茎秆或穗柄中继续为害，蛀孔处有大量粪屑。受害茎秆遇风易从蛀孔处倒折。灌浆期玉米螟蛀食雌穗、嫩粒，可造成玉米减产。

2.发生规律　发生代数因气候而异，1年发生1～7代，主要以末代老熟幼虫在寄主秸秆、穗轴或根茬中越冬。成虫多产卵于叶背中脉附近，飞翔能力强，昼伏夜出，具有趋光性。

3.防治方法　种植抗玉米螟品种，可对寄主秸秆、根茬等采用沤肥等加工处理，降低越冬幼虫密度。生物防治：在玉米螟产卵期，人工释放赤眼蜂，在玉米螟卵孵化阶段，田间喷施苏云金芽孢杆菌、球孢白僵菌等生物制剂；也可采用黑光灯或性诱剂诱杀成虫。化学防治：可在大喇叭口期使用辛硫磷、毒死蜱、氯虫苯甲酰胺、噻虫·氟氯氰等农药进行心叶丢心防治；采用2.5%高效氟氯氰菊酯乳油1 500倍液或75%硫双威可湿性粉剂3 000倍液等药剂兑水喷施；也可选用四氯虫酰胺、甲氨基阿维菌素苯甲酸盐等杀虫剂喷施。

二、棉铃虫

棉铃虫俗称玉米穗虫、棉桃虫、青虫等，属鳞翅目夜蛾科。棉铃虫分布广泛，是一种杂食性昆虫，寄主植物有200多种（图6-12）。

图6-12　棉铃虫形态特征及为害状

1.为害状　幼虫取食叶片呈孔洞或缺刻状，有时咬断心叶，造成枯心，虫孔较大且不规则，常见粒状粪便，还可钻蛀为害玉米茎秆、雌穗。为害果穗时，常把花丝吃光，并咬食幼嫩籽粒，易加重穗腐病发生。为害严重时，造成受害果穗不结实。

2.发生规律　发生代数因地区和年份而异，1年发生3～7代，一般以蛹在寄主根附近的土中越冬。成虫白天隐蔽静伏，觅食、交尾、产卵等活动多在黄昏和夜间进行。卵散产于嫩叶、叶鞘刚抽出的花丝和果穗上，具有趋光性。

3.防治方法　及时清除田间杂草，深翻耙地，坚持冬灌，减少越冬虫源。还可利用性诱剂、频振灯来诱杀棉铃虫成虫。化学防治：苗期防治在3龄以前防治效果最佳，用2.5%氯氟氰菊酯乳油2 000倍液、5%高效氯氟氰菊酯乳油1 500倍液或用5%氟铃脲乳油500～1 000倍液等杀虫剂喷施。在棉铃虫卵盛期，人工饲养释放赤眼蜂或草蛉，发挥天敌的自然控制作用。也可在卵盛期喷施苏云金芽孢杆菌（Bt）或棉铃虫核型多角体病毒（NPV）。

三、黏虫

黏虫俗称东方黏虫、五色虫、剃枝虫、行军虫等，属鳞翅目夜蛾科。全国各地均有发生，是一种多食性昆虫，可取食100多种植物。主要危害玉米、水稻、麦类作物、高粱等（图6-13）。

1.为害状　幼虫取食叶片，1～2龄取食叶肉形成小孔，3龄后取食叶片呈缺刻状或吃光心叶，5～6龄达暴食期，能将幼苗地上部吃光，形成光秆，只剩叶脉，造成作物减产，甚至绝收。

2.发生规律　1年发生2～8代，一般以幼虫和蛹在杂草、麦田等表土下越冬。黏虫具有迁飞性和假死特性，幼虫畏光，白天潜伏在心叶或土缝中，傍晚爬到植株上为害。成虫产卵多在叶片尖端，成株期多产于穗部苞叶上或果穗的花丝处等。

3.防治方法　诱杀成虫，控制越冬虫源。在成虫发生期，利用黑光灯或

图6-13　黏虫形态特征及为害状

糖醋液诱集并杀灭成虫，还可利用谷草把诱集成虫产卵，保护并利用天敌蛙类、鸟类等。谷草把法：扎直径为5cm左右的草把插于田间，每亩60～100把，每5d换1次草把，换下的枯草把集中烧毁，以消灭成虫和卵。糖醋法：取红糖350g、酒150g、醋500g、水250g和90%敌百虫原药15g，制成糖醋诱液，放在田间1m高的地方诱杀成虫。化学防治：防治适期主要在3龄前，可选用5%氟虫脲乳油4 000倍液或25%灭幼脲悬浮剂1 000～2 000倍液，4.5%高效氯氰菊酯乳油1 000倍液喷雾，也可用200g/L氯虫苯甲酰胺悬乳剂、20%氰戊菊酯乳油、2.5%溴氰菊酯乳油、2.5%甲氨基阿维菌素苯甲酸盐水乳剂等药剂适量防治。

四、甜菜夜蛾

甜菜夜蛾俗称玉米夜蛾、玉米青虫等，属鳞翅目夜蛾科。甜菜夜蛾为杂食性害虫，是一种世界性害虫，分布广泛。主要寄主有玉米、棉花、甜菜、花生、烟草、大豆、白菜、番茄等170多种植物（图6-14）。

1.为害状　1～2龄幼虫常群集在玉米叶背面为害，吐丝、结网，在叶内取食叶肉，残留表皮而形成"烂窗纸"状。3龄以后的幼虫分散为害，咬成不

图6-14　甜菜夜蛾形态特征

规则孔洞和缺刻状；4龄后食量增加，严重时可吃光叶肉，仅剩叶脉，还可取食果穗和茎秆。

2.发生规律 1年发生4～7代，一般以蛹在土中或以老熟幼虫在杂草上或土缝中越冬。成虫具有趋光性，昼伏夜出，迁飞能力强。幼虫有假死性，稍受惊吓，即卷成C形，滚落到地面，虫口密度大时，幼虫可自相残杀。

3.防治方法 加强田间管理，及时清除田间地头杂草，秋耕和冬耕时深翻土壤，消灭越冬蛹。在成虫期利用黑光灯、性诱剂诱杀成虫。化学药剂及早防治，防治3龄以下害虫时，在早晨或傍晚选用5%高效氯氟氰菊酯乳油1 000倍液、45%丙溴·辛硫磷乳油1 000倍液或5%氟啶脲乳油4 000倍液喷雾防治，3龄以上害虫用20%氯虫苯甲酰胺悬浮剂1 000～1 500倍液喷雾防治。

五、二点委夜蛾

二点委夜蛾属鳞翅目夜蛾科。二点委夜蛾是我国夏玉米新发生的害虫，随着幼虫龄期的增长，食量不断加大，发生范围也进一步扩大，如不能及时控制，将会严重威胁玉米的生产（图6-15）。

图6-15 二点委夜蛾形态特征及为害状

1.为害状 幼虫一般躲在玉米幼苗周围的碎秸秆下或2～5cm的表土层中为害，从玉米幼苗茎基部钻蛀到茎心后，向上取食，形成圆形或椭圆形孔洞，心叶失水萎蔫，形成枯心苗，严重时直接蛀断，整株死亡，还可取食玉米气生根系，造成玉米倾斜或侧倒。

2.发生规律 在河北石家庄地区1年发生4代，一般在作物秸秆或杂草下越冬，昼伏夜出，成虫具有趋光性，有转株为害习性。幼虫有假死性，受到惊吓蜷缩成C形，有群居性，多头幼虫（可达8～10头）常聚集在同一植株下为害。

3.**防治方法** 防治采取治早治小的原则。及时清除玉米苗基部杂草和残留物，麦收后播种期使用灭茬机或浅旋耕灭茬。提高玉米播种质量，培育壮苗。撒毒饵防治：每亩用4～5kg炒香的麦麸或粉碎后炒香的棉籽饼，用90%杀虫单可湿性粉剂200g兑水1kg拌麦麸顺垄撒施，或与48%毒死蜱乳油500g拌成毒饵撒于玉米苗边；发现被害株后还可采用氯虫苯甲酰胺、菊酯类颗粒拌成毒土围棵撒施。灌药防治：每亩用48%毒死蜱乳油1kg在浇地时灌入田中。喷雾防治：可用1.8%阿维菌素乳油2 000倍液、5%高效氯氟氰菊酯乳油1 500倍液或10%虫螨腈悬浮剂600倍液逐株顺根茎喷施。

六、草地贪夜蛾

草地贪夜蛾俗称草地夜蛾、伪黏虫、秋黏虫等，属鳞翅目夜蛾科。草地贪夜蛾起源于美洲，2018年12月侵入中国云南，此虫适应性强，寄主范围广，为多食性害虫，嗜好禾本科作物，最常见危害玉米、高粱、水稻、棉花，以及十字花科和茄科蔬菜等（图6-16）。

图6-16 草地贪夜蛾形态特征及为害状

1.**为害状** 一般以幼虫咬食叶片为害，1～3龄幼虫通常夜间为害，多隐藏在叶背，取食玉米心叶时形成半透明薄膜状"窗孔"；4～6龄幼虫取食玉米叶片、叶鞘、雄穗、果穗，取食叶片时形成不规则长形孔洞或粉碎性缺刻，严重时造成生长点死亡。也可整株取食，种群数量大时，幼虫如行军状，成群扩散。

2.**发生规律** 发生代数因纬度而异，一般1年发生2～8代，在东北1年发生2～3代，在河南1年发生3～5代，在广东1年发生6～8代。以幼虫和蛹在寄主植物上越冬。在土里化蛹，昼伏夜出，白天躲避，晚上取食。幼虫具有隐蔽性、钻蛀性、钻土性、夜出性4个特性，成虫具有远距离迁飞特性。

3.防治方法 要及时防控处置，发现虫情，务必第一时间坚决处置，做到"治早治小、全力扑杀"。药剂防治在3龄前效果最佳，可参照黏虫防治方法，也可选用甲氨基阿维菌素苯甲酸盐、茚虫威、四氯虫酰胺、氯虫苯甲酰胺、氟氯氰菊酯、溴氰虫酰胺等应急药剂，喷药时注意药剂的混用和轮用，以防害虫产生抗药性。还可利用灯诱、性诱、食诱等技术，对成虫诱杀以减少产卵量。

七、斜纹夜蛾

斜纹夜蛾俗称乌头虫、夜盗蛾，属鳞翅目夜蛾科。斜纹夜蛾是一种世界性分布的多食性、暴食性害虫，寄主涉及100多个科共计400多个种（图6-17）。

图6-17 斜纹夜蛾形态特征

1.为害状 低龄幼虫在玉米叶背面取食，仅留下表皮，呈窗纱状，高龄幼虫分散于叶背为害，造成缺刻或孔洞，严重时把叶片吃光，还可蛀食果穗。

2.发生规律 1年发生3~8代，以蛹在表土层越冬，少数以老熟幼虫越冬。昼伏夜出，飞翔能力强，有趋光性、趋化性、假死性。

3.防治方法 及时铲除田边、地埂、渠边杂草，在成虫发生期，利用黑光灯或糖醋液诱集并杀灭成虫。3龄前为药剂防治最佳时期，可喷洒4.5%高效氯氰菊酯乳油1 500倍液，或用3%啶虫脒乳油1 500~2 000倍液、或20%虫酰肼悬浮剂1 000~1 500倍液、1.8%阿维菌素乳油2 000倍液、5%氟啶脲乳油2 000倍液、10%虫螨腈悬浮剂1 500倍液喷雾防治。

八、东亚飞蝗

东亚飞蝗俗称蚂蚱，属直翅目蝗科。食性广，寄主以禾本科和莎草科为主。群集危害时可造成毁灭性农业生物灾害（图6-18）。

1.为害状 成虫及幼虫均能以其发达的咀嚼式口器取食玉米的茎叶，

图6-18 东亚飞蝗形态特征

也为害果穗，被害部分呈缺刻状，为害速度快，大量发生时可吃成光秆。为害时具有聚集性、迁飞性、扩散性等特点。

2.**发生规律** 1年发生1～5代，以卵在土壤中越冬，先涝后旱是东亚飞蝗大面积发生的重要条件，连续大旱有利于虫害发生。

3.**防治方法** 发现虫情要及时防控处置，虫量大的地块用20%氰戊菊酯乳油2 000倍液、50%杀螟硫磷乳油或45%马拉硫磷乳油1 000倍液喷雾防治，飞机喷雾防治可用有机磷杀虫剂，拟除虫菊酯类杀虫剂（如高效氯氟氰菊酯、溴氰菊酯）在蝗虫若虫期进行灭杀。绿色防控措施多采用生态治理、放养天敌、喷施蝗虫微孢子虫或人工捕食等。

第四节 穗部钻蛀害虫及其防治

一、桃蛀螟

桃蛀螟俗称蛀心虫、食心虫、桃实虫、桃蛀虫，属鳞翅目螟蛾科（图6-19）。

1.**为害状** 主要取食玉米雌穗，也可蛀茎，幼虫从雌穗上部钻入，蛀食籽粒和穗轴，产生颗粒状粪便，遇雨果穗虫蛀处开始腐烂，易引起穗腐病，严重时整个果穗被蛀食。

2.**发生规律** 1年可发生2～5代，以老熟幼虫在寄主的秸秆或树皮缝隙中作茧越冬。还可在高粱穗、玉米秆、树洞、果实、种子等处越冬。卵多散产于穗上部叶片、花丝及苞叶周围。成虫具有趋光性和趋化性。

3.**防治方法** 防治方法同玉米螟。在卵孵化盛期可选择40%氯虫·噻虫嗪水分散颗粒剂1 000倍液、2.5%溴氰菊酯乳油3 000倍液或1.8%阿维菌素乳油6 000倍液喷雾防治。

图6-19 桃蛀螟形态特征

图6-20 高粱条螟形态特征

二、高粱条螟

高粱条螟俗称高粱钻心虫、蛀心虫、蛀茎虫，属鳞翅目螟蛾科（图6-20）。

1.**为害状**　被害部常有多头幼虫蛀食，蛀孔上部茎叶常呈紫红色，遇风易折，为害穗轴造成果穗腐烂。

2.**发生规律**　1年可发生2～5代，以老熟幼虫在玉米秸秆、穗轴或叶鞘中越冬。翌年化蛹羽化，昼伏夜出，具有趋光性和群集性。卵多产于玉米心叶中。田间湿度高有利于虫害发生。

3.**防治方法**　在越冬幼虫化蛹与羽化前，对高粱或玉米秸秆采取粉碎、烧毁、沤肥等方式处理，用频振式杀虫灯、黑光灯、糖醋液、性诱剂诱杀成虫可降低产卵数量。产卵盛期用1.5%辛硫磷颗粒剂或5%丁硫克百威颗粒剂丢心防治。喷雾防治可用35%氯虫苯甲酰胺水分散粒剂或32 000IU/mg苏云金杆菌可湿性粉剂100g兑水40kg，还可用50%杀螟硫磷乳油、50%杀虫单可溶粉剂1 000倍液等药剂喷雾防治。

三、大螟

大螟俗称旋心虫、钻心虫，属鳞翅目夜蛾科。其寄主广泛，以禾本科植物为主，可危害玉米、水稻、高粱、小麦、向日葵等（图6-21）。

图6-21　大螟幼虫及成虫形态特征

1.**为害状**　常以幼虫为害玉米心叶、叶鞘、茎秆和雌穗。幼虫蛀食玉米生长点，常取食为孔洞、缺刻状，易造成空心苗。为害后蛀孔较大，有大量虫粪排出。

2.**发生规律**　1年可发生3～7代，以幼虫在寄主残体中越冬。成虫昼伏夜出，卵多产在5～7叶玉米苗下部叶鞘内侧。初孵幼虫群集于幼苗叶鞘内取食，2龄后蛀入茎内取食生长点。

3.**防治方法**　在越冬幼虫化蛹与羽化前，处理虫蛀茎秆和田埂杂草。可撒药剂颗粒丢心防治。喷雾防治可选用20%氯虫苯甲酰胺悬浮剂或1%甲氨基阿维菌素苯甲酸盐乳油兑水45kg，还可用18%杀虫双水剂每亩200～300mL兑水50～75kg或10%虫螨腈悬浮剂30～50mL兑水45～60kg均匀喷施，重点喷于茎基部叶鞘处。

四、金龟子

金龟子俗称铜壳螂、栗虫子、瞎撞子，属鞘翅目金龟甲总科。危害玉米果穗的主要有白星花金龟（图6-22）和小青花金龟。

图6-22 白星花金龟形态特征

1.**为害状** 成虫多群集于玉米雌穗上，可取食花丝和幼嫩的籽粒，也为害嫩茎和雄穗，取食花药，影响授粉，直接造成减产。

2.**发生规律** 1年可发生1代，以幼虫或成虫在土壤或堆肥中越冬。6—8月为盛发期，白天活动，飞翔能力强，有趋光性和假死性。对酒有趋性，卵产于土中。

3.**防治方法** 幼虫防治方法见蛴螬。成虫防治除可用黑光灯诱杀外，还可将糖、醋、白酒、水、90%敌百虫晶体按照6∶3∶1∶10∶1配成液体灌入瓶中置于田间（悬挂高度与玉米穗高度相同），诱集成虫。还可选用10%氯氰菊酯乳油2 000倍液、20%氰戊菊酯乳油1 500倍液或10%吡虫啉可湿性粉剂1 500倍液喷雾。

第五节 其他害虫图谱识别

一、鼠害

鼠形态特征及为害状见图6-23。

图6-23 鼠形态特征及为害状

二、鸟害

鸟形态特征及为害状见图6-24。

图6-24　鸟形态特征及为害状

三、蜗牛

蜗牛形态特征及为害状见图6-25。

图6-25　蜗牛形态特征及为害状

四、双斑长跗萤叶甲

双斑长跗萤叶甲形态特征及为害状见图6-26。

图6-26　双斑长跗萤叶甲形态特征及为害状

五、灯蛾

灯蛾形态特征及为害状见图6-27。

图6-27　灯蛾形态特征及为害状

六、刺蛾

刺蛾形态特征及为害状见图6-28。

图6-28　刺蛾形态特征及为害状

七、美国白蛾

美国白蛾形态特征见图6-29。

图6-29　美国白蛾形态特征

八、古毒蛾

古毒蛾形态特征见图6-30。

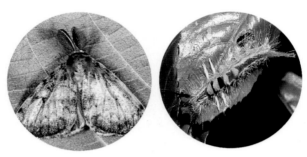

图6-30　古毒蛾形态特征

九、褐足角胸叶甲

褐足角胸叶甲形态特征及为害状见图6-31。

图6-31　褐足角胸叶甲形态特征及为害状

十、耕葵粉蚧

耕葵粉蚧形态特征见图6-32。

图6-32　耕葵粉蚧形态特征

十一、弯刺黑蝽

弯刺黑蝽形态特征及为害状见图6-33。

图6-33　弯刺黑蝽形态特征及为害状

十二、铁甲虫

铁甲虫形态特征及为害状见图6-34。

图6-34　铁甲虫形态特征及为害状

第七章
玉米病害识别及防治技术

一、大斑病

玉米大斑病又称北方叶枯病、条斑病、煤纹病等，其病原菌为玉米大斑凸脐蠕孢菌，是世界玉米生产中发生普遍和危害严重的一种叶枯病害（图7-1）。

图7-1 大斑病病叶典型症状

1.田间症状 该病由植株下部叶片开始发病，向上蔓延，危害玉米叶片、叶鞘和苞叶。初浸染时病斑呈水渍状斑点，形成边缘暗褐色、中央淡褐色或青灰色的大斑，成熟后呈长梭形，中央灰褐色的大斑大小一般为（50～100）mm×（5～10）mm，有些长度可达200mm，形成不规则枯斑。后期病斑常有纵裂，严重时叶片焦枯。病斑表面产生灰黑色霉状物。

2.发生规律 玉米大斑病病原菌以菌丝体或分生孢子附着在病残组织内越冬。大斑病是一种气流传播病害，分生孢子主要借助雨水和气流传播。在温度18～25℃、空气相对湿度90%时有利于病害发生，多雨和多露年份常引起病害流行。

　　3.防治方法　选用抗病品种，重病田避免秸秆还田，或者和其他作物轮作。发病初期，可选50%苯菌灵可湿性粉剂800倍液、30%敌瘟磷乳油500～800倍液、10%苯醚甲环唑水分散粒剂1 000～2 000倍液或25%丙环唑乳油2 000倍液喷施；在大喇叭口期用50%多菌灵可湿性粉剂500倍液、50%甲基硫菌灵可湿性粉剂600倍液，间隔7～10d喷1次，连续喷药2次。

二、小斑病

　　玉米小斑病又称玉米斑点病、玉米南方叶枯病，其病原菌为玉蜀黍平脐蠕孢菌，是温暖潮湿玉米产区的重要叶部病害，常和大斑病同时出现或混合发生（图7-2）。

图7-2　小斑病病叶典型症状

　　1.田间症状　小斑病除同样侵染玉米叶片、苞叶和叶鞘外，对雌穗和茎秆的致病力也比大斑病强，可造成果穗腐烂和茎秆折断。通常从植株底部叶片发病，逐渐向中上部蔓延。其病斑比大斑病小，数量多，椭圆形、圆形或长圆形，发病初期出现半透明水渍状褐色小斑点。病斑进一步扩大，边缘赤褐色，有时出现轮纹，内部略褪色，后渐变为暗褐色。天气潮湿时，病斑表面产生灰黑色霉状物。

　　2.发生规律　玉米小斑病病菌主要以菌丝体和分生孢子在田间玉米病残体、含有未腐烂的病残体的粪肥上越冬。从苗期到成熟期均可发病。初浸染菌源主要是上一年收获后遗落在田间或玉米秸秆堆中的病残体，其次是带病种子。分生孢子借风雨分散传播，发生多次再侵染。

　　3.防治方法　选用抗病品种。深翻整地，及时中耕，降低田间湿度。及时清理病残体，摘除下部老叶、病叶，减少再浸染菌源。可在发病初期喷施杀菌剂，喷施75%百菌清可湿性粉剂500倍液、70%甲基硫菌灵可湿性粉剂500倍液、50%苯菌灵可湿性粉剂1 000～1 500倍液或50%多菌灵可湿性粉剂500倍液防治，也可选用25%吡唑醚菌酯乳油1 000～1 500倍液或10%苯醚甲环唑水分散粒剂1 500～2 000倍液喷雾防治，隔7～10d喷1次。

三、弯孢霉叶斑病

玉米弯孢霉叶斑病又称黄斑病、拟眼斑病、黑霉病等，其病原菌为新月弯孢霉。一般是北方地区主要叶部病害之一（图7-3）。

1.田间症状 主要危害玉米叶片、苞叶和叶鞘。病斑从上部叶片向中下部蔓延。初生褪绿小斑点，逐渐扩展为圆形至椭圆形褪绿透明斑，中间枯白色至黄褐色，边缘暗褐色，四周有浅黄色晕圈，并有黄褐相间的断续环纹，似眼状。多个斑点连成一片，呈片状坏死，造成叶枯。

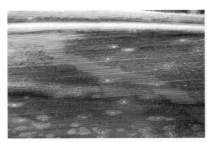

图7-3 弯孢霉叶斑病病叶典型症状

2.发生规律 病原菌以菌丝体或分生孢子在秸秆或散布地表的病残体中越冬，还可在堆肥中的病残体上越冬存活。可经气流传播，属高温高湿型病害，发生轻重与降雨多少、温度高低、播种早晚、施肥水平等密切相关。

3.防治方法 种植抗病品种可以迅速控制病害的流行，减轻危害程度。及时清除病株残体，集中焚烧处理，要深翻灭茬，减少初侵染菌源。要合理密植、间作套种，高秆与中矮秆玉米间作，改善田间通风透光条件，合理排灌，防止田间渍水，降低土壤湿度。应加强栽培管理，增施有机肥、氮磷钾肥配合施用，及时追肥，防止后期脱肥。在发病初期，可喷施50%多菌灵可湿性粉剂500倍液、50%甲基硫菌灵可湿性粉剂600倍液、80%代森锰锌可湿性粉剂400～600倍液、75%百菌清可湿性粉剂500倍液、25%丙环唑乳油2 000倍液、50%福美双可湿性粉剂600～800倍液。通常在发病率10%时开始喷药，间隔7～10d后再喷第2次药，连续用药2～3次。

四、灰斑病

玉米灰斑病又称尾孢叶斑病、玉米霉斑病，其病原菌为玉蜀黍尾孢菌，是玉米叶部重要病害之一（图7-4）。

1.田间症状 玉米灰斑病在玉米整个生育期均可发生，病菌主要侵染玉米叶片、苞叶和叶鞘。发病初期，病斑为水渍状，淡褐色斑点，逐渐扩展

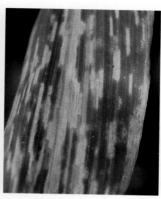

图7-4　灰斑病病叶典型症状

为与叶脉平行的浅褐色条纹或不规则的灰色至褐色长条斑，呈矩形，大小为（3～15）mm×（1～2）mm。田间湿度高时，在病斑两面产生黑色霉层。病斑多限于叶脉之间，与叶脉平行，成熟时中央灰色，边缘褐色。在感病品种上，病斑密集，常相连成片继而造成叶片枯死。

2. **发生规律**　病原菌以子实体、菌丝体或分生孢子在病残体上越冬。灰斑病是一种随气流和雨水飞溅传播的病害。发病的最佳温度是25℃，空气相对湿度在90%以上时容易发生，特别是在降水量大、空气相对湿度高、气温低的环境条件下有利于病害流行。

3. **防治方法**　选用抗病品种，药剂防治选用苯醚甲环唑、烯唑醇、吡唑醚菌酯等杀菌剂喷施。选用75%百菌清可湿性粉剂500倍液或70%甲基硫菌灵可湿性粉剂800倍液，或30%敌瘟磷乳油800倍液、50%多菌灵可湿性粉剂600倍液、20%三唑酮乳油1 000倍液喷施。5～7d防治1次，连续用药2～3次，施药时要注意喷匀喷透，若喷后1～2h遇雨应重喷，确保防治效果。

五、褐斑病

玉米褐斑病又称玉米节壶菌病，其病原菌为玉蜀黍节壶菌。该病是近年来我国发生较快的玉米病害，温暖潮湿地区发生较多（图7-5）。

1. **田间症状**　病菌主要侵染玉米叶片、茎秆和叶鞘。先在顶部叶片的尖端发生，以叶和叶鞘交接处病斑多，最初叶片上出现长圆形和圆形黄褐色小斑点，逐渐扩大到叶片主脉或叶鞘上，形成许多椭圆形的淡黄色或紫褐色的小斑，叶鞘和叶脉斑点较大，红褐色到紫色，后期病斑上出现疱状突起，表皮破裂，并有黄褐色粉状物。

2. **发生规律**　病原菌以休眠孢子在病残体组织里或土壤中越冬。病菌靠雨水和气流传播到玉米植株上，在温度高、湿度大、阴雨日较多时，有利于发病。

图7-5　褐斑病病叶典型症状

3. 防治方法　选用抗病品种，玉米收获后及时彻底清除病残体组织，并深翻土壤，减少菌源。施足基肥，适时追肥，及时中耕除草，促进植株生长健壮，提高植株的抗病力。药剂防治：提早预防，在玉米 4 ～ 5 叶期，用 25% 三唑酮可湿性粉剂 1 000 倍液、25% 戊唑醇乳油 1 500 倍液或 50% 多菌灵可湿性粉剂 1 000 倍液叶面喷雾。在发病初期，25% 三唑酮可湿性粉剂 1 000 ～ 1 500 倍液或 12% 萎锈灵可湿性粉剂 600 倍液喷施，还可选用苯醚甲环唑、烯唑醇、吡唑醚菌酯等杀菌剂进行喷施，为提高防治效果，可在药液中适当加些叶面肥，如磷酸二氢钾、磷酸氢二铵水溶液等。间隔 7 ～ 10d，连续喷药 2 次。喷后 6h 内如下雨应及时补喷。

六、锈病

玉米锈病病原菌为柄锈菌，锈病是我国玉米的重要病害（图7-6）。

图7-6　锈病病叶典型症状

1. 田间症状 该病发生在植株地上部的任何部位，以叶片为主，也侵染茎秆、苞叶和雄穗组织。症状为在叶片上初生褪绿小斑点，很快发展为黄褐色突起疱斑，散出铁锈色粉状物，多生于叶片正面，少数生长在叶背面。

症状区别：南方锈病病斑呈圆形或椭圆形逐渐隆起，夏孢子堆小而密集，色泽鲜艳，呈黄褐色，表皮开裂不明显；普通锈病长条形，夏孢子堆大，分布较稀疏，色泽深，红棕色、黑褐色，表皮大片撕裂，散出褐色粉末。

2. 发生规律 锈病是专性寄生菌，只能通过寄主存活，脱离寄主后，很快死亡。玉米锈菌以冬孢子随病株残余组织遗留于田间越冬。随风雨传播，高温、多雨、高湿的气候条件下有利于病害流行。

3. 防治方法 在播种时，可进行种子包衣，用2%戊唑醇悬浮种衣剂或25%三唑酮可湿性粉剂等药剂对种子拌种。在发病初期，可采用15%三唑酮可湿性粉剂1 000倍液、10%苯醚甲环唑水分散粒剂1 000倍液、25%丙环唑乳油2 000倍液、12.5%烯唑醇可湿性粉剂4 000倍液喷施；在发病高峰期，可用40%苯甲·咪鲜胺水剂2 000～2 500倍液喷雾防治。

七、圆斑病

玉米圆斑病病原菌为玉米生平脐蠕孢菌，局部地区发生（图7-7）。

图7-7 圆斑病病叶典型症状

1. 田间症状 病菌主要危害玉米叶片、果穗、花丝、苞叶和叶鞘。叶片上病斑初期为水渍状淡绿色至淡黄色小点，以后扩大为圆形或卵圆形斑点，中央淡褐色，边缘褐色，具黄绿色晕圈，呈同心轮纹状。苞叶上的病斑向内扩展，可侵染玉米粒和穗轴，病部变色凹陷，果穗变形，严重时果穗炭化变黑，籽粒和苞叶上长满黑色霉层，形成穗腐。

2. 发生规律 病原菌以菌丝体随病残体在地面和土壤中越冬。病菌靠雨水、气流传播到玉米植株上，也可由种子带菌传播。

3.防治方法　加强植物检疫，严禁从病区引种，用15%三唑酮可湿性粉剂等药剂对种子拌种。在玉米吐丝期喷洒25%三唑酮可湿性粉剂500～600倍液或50%多菌灵可湿性粉剂400～500倍液。在易感病品种上喷洒25%三唑酮可湿性粉剂1 000倍液或40%氟硅唑乳油8 000倍液，隔10～15d喷1次，防治2～3次。

八、细菌性叶斑病

玉米细菌性叶斑病具有传播快、发病迅速和控制难度大等特点。在局部地区发生，直接影响玉米产量（图7-8）。

图7-8　细菌性叶斑病病叶典型症状

1.田间症状　主要发生在叶片上，初期在植株叶片上分散发生，呈不规则淡黄色、黄褐色水渍状枯死斑。常有褐色或紫褐色边缘，病健交界明显。沿叶脉纵向扩展，多个病斑合成不规则大斑，病部切面镜检有明显的菌液溢出，或有腐烂臭味。

2.发生规律　病原菌在种子、土壤或病残体上越冬。病菌随风雨、昆虫、水流等传播到玉米植株上。高温多湿、排水不良、土壤板结、虫害严重等条件下有利于该病发生。

3.防治方法　及时清理玉米田周边杂草，采用合理的耕作措施，提高玉米自身抗病性。发病初期喷施75%百菌清可湿性粉剂1 000倍液、20%噻菌铜可湿性粉剂1 000倍液、40%多·硫悬浮剂500倍液、77%氢氧化铜可湿性粉剂800倍液，每隔10d喷施1次，防治1～2次。

第二节 病毒病害及其防治

一、粗缩病

粗缩病是一种毁灭性病害，是由玉米粗缩病毒（MRDV）引起的一种玉米病毒病（图7-9）。

图7-9 粗缩病病叶典型症状

1.田间症状 苗期受害最为严重，发病越早，病情越重，病苗浓绿，叶片僵直、宽短而厚，节间变粗、短缩而造成植株显著矮化。心叶细小、叶脉呈断续透明状，叶背叶脉上蜡泪状线条凸起；重病株不抽雄或雄穗无花粉，果穗畸形，结实极少。

2.发生规律 在冬小麦以及多年生禾本科杂草寄主上越冬；也可在灰飞虱体内越冬。通过灰飞虱和白背飞虱传播病毒。

3.防治方法 加强虫害监测和预报，及时清理玉米田周边杂草，压低灰飞虱虫口基数，破坏灰飞虱的生存环境，减少初浸染源。种子拌种，可用60%吡虫啉悬浮种衣剂按照种子质量的0.4%～0.6%用药，也可用25%噻虫嗪水分散粒剂10～20g，兑水500mL，拌种10kg。喷雾防治：及早预防，根据灰飞虱虫情预测情况提早防治灰飞虱。可选用25%噻嗪酮可湿性粉剂1 500倍液、10%吡虫啉可湿性粉剂1 500倍液，或50%吡蚜酮水分散粒剂1 500倍液喷施，在玉米5叶期施药，每隔5d喷1次，连喷2～3次，以减轻发病。在植株发病初期喷施20%吗胍·乙酸铜可湿性粉剂500倍液防治，以降低损失。

二、矮花叶病

矮花叶病又称条纹花叶病、黄绿条纹病，是由玉米矮花叶病毒（MDMV）

引起的一种玉米病毒病（图7-10）。

图7-10　矮花叶病病叶典型症状

1.田间症状　玉米整个生育期均可发病，叶片、茎部、穗轴、苞叶及顶端小叶均可受害，产生淡黄色条纹或褐色坏死斑。该病初期先在幼嫩心叶基部沿叶脉向上形成许多椭圆形小点或者虚线状褪绿斑纹，以后断续表现为不规则、长短不一的浅绿色或暗绿色的斑块或条点，逐渐形成斑驳花叶，可发展成沿叶脉呈条带分布、有明显黄绿相间的条纹症状。发病重的叶色变黄，质地硬而脆，易折断。

2.发生规律　在多年生禾本科杂草和作物上越冬，也可在传毒昆虫体内越冬。初侵染毒源主要来自小麦、牛鞭草以及其他多年生禾本科杂草和越冬带毒作物，也有部分来自带毒玉米种子。传毒昆虫主要有灰飞虱、玉米蚜、棉蚜、桃蚜等。

3.防治方法　种植抗病品种，及时铲除杂草，减少越冬毒源。加强田间管理，采用施足底肥、合理追肥、中耕除草、及时拔除病株等多项栽培措施。药剂防治：在发病初期喷施20%吗胍·乙酸铜可湿性粉剂500倍液减少病毒侵染，减轻植株症状。在传毒蚜虫迁入始期和盛期，可选用50%抗蚜威可湿性粉剂2 500倍液、10%吡虫啉可湿性粉剂2 000倍液、50%乐果乳油800倍液，间隔5～7d喷1次，连喷2～3次。

三、红叶病

红叶病是由大麦黄矮病毒（BYDV）引起的一种玉米病毒病（图7-11）。

1.田间症状　主要危害玉米叶片，从下部第4片、第5片叶开始，逐渐向上发病。叶片多由叶尖沿叶缘向基部变紫红色，质地变硬，病叶光亮，叶鞘也相应变色。变红区域常常能够扩展至全叶的1/3～1/2，有时在叶脉间仅留下部分绿色组织，发病严重时引起叶片干枯死亡。

图7-11 红叶病病叶典型症状

2.发生规律 病毒由蚜虫以循回型持久性方式传播。传毒蚜虫以若虫、成虫或卵在麦苗、杂草基部或根际越冬、越夏。

3.防治方法 种植抗病品种，加强栽培管理，及时防治蚜虫是预防红叶病流行的有效措施。用噻虫嗪、吡虫啉、乐果、氯氰菊酯等药剂拌种或喷施。蚜虫发生期可用50%抗蚜威可湿性粉剂1 000倍液、3%啶虫脒乳油1 000倍液、2.5%氯氟氰菊酯乳油2 000～4 000倍液喷雾防治。

四、玉米遗传性条纹病

玉米遗传性条纹病是一种遗传性病害，在田间零星分布（图7-12）。

图7-12 玉米遗传性条纹病病叶典型症状

1.田间症状 幼苗期即可表现症状，常在植株的下部、一侧或整株叶片出现与叶脉平行的褪绿条纹（宽窄不一），叶片上沿着叶脉呈现黄色、金黄色或白色，边缘清晰光滑，其上无病斑，也无霉层。阳光强烈时或生长后期失绿部分可变枯黄，果穗瘦小。

2.**发生规律** 遗传性病害。

3.**防治方法** 一般不需要单独防治，在间苗、定苗时拔除病苗即可。

第三节 穗部叶鞘病害及其防治

一、丝黑穗病

玉米丝黑穗病又称乌米、哑玉米，其病原菌为丝孢堆黑粉菌。属于土传病害，种子会带菌，是一种世界性的玉米病害，是春玉米种植区最重要的病害之一（图7-13）。

1.**田间症状** 玉米丝黑穗病主要表现在穗部。在苗期也可出现症状，如分蘖、矮化、心叶扭曲、叶色浓绿、出现黄白色纵向条纹等；大部分到穗期出现典型症状。病株果穗和雄穗受害后，有的不吐丝，形状短胖，基部较粗，顶端较尖，果穗内部充满黑粉状物，后期苞叶破裂，露出黑粉，黏结成块，不易飞散，黑粉内有一些丝状维管束组织，严重畸形，呈刺猬头状。

图7-13 丝黑穗病病穗典型症状

2.**发生规律** 病原菌的冬孢子混杂在土壤、粪肥中或黏附在种子表面越冬。在16～25℃为侵染适温，20℃时侵染率最高，土壤含水量在20%时发病率最高，低温干旱有利于该病流行。

3.**防治方法** 以种植抗病品种为主，合理轮作倒茬，还可进行种子药剂处理，采取培育强苗、壮苗的栽培措施，发现菌株及时田间摘除销毁，减少病菌于田间扩散或于土壤中残留。种子药剂处理：包衣100kg玉米种子，用2%戊唑醇悬浮种衣剂400～500g或6.5%精甲·咯菌腈悬浮种衣剂300～400mL兑水稀释，然后均匀进行种子包衣；也可用25%三唑酮可湿性粉剂或12.5%烯唑醇可湿性粉剂，以种子量0.3%拌种包衣。同时还可选用苯醚甲环唑、吡唑醚菌酯等进行种子包衣，提前防治玉米丝黑穗病。

二、瘤黑粉病

玉米瘤黑粉病又称玉米黑霉、灰包，是玉蜀黍黑粉菌侵染所致。在我国各玉米产区普遍发生，是玉米生产中的重要病害（图7-14）。

1.**田间症状** 玉米瘤黑粉病在玉米植株的任何地上部位都可产生形状各异、大小不一的瘤状物。典型的瘤状物组织初为白色或绿色，肉质多汁，外表

图7-14　瘤黑粉病病穗典型症状

薄膜状，后迅速膨大，质地由软变硬，颜色由浅变深，呈灰黑色，失水后薄膜破裂，散出大量黑色粉末。

玉米瘤黑粉病与玉米丝黑穗病的区别：玉米丝黑穗病一般在穗期发生典型症状，主要危害雄穗和雌穗，抽雄时症状明显，受害果穗呈黑粉样，有丝状纤维组织；玉米瘤黑粉病在任何时期的任何地上部位均可发生，呈串生或叠生病瘤，外包白膜。

2. 发生规律　病原菌主要以冬孢子在土壤或病株残体上越冬。越冬菌源在玉米各个生育阶段均可直接或通过伤口入侵。玉米瘤黑粉病既是土传病害，又是气流传播病害和种子传播病害。病菌从胚芽和根部侵入，到玉米抽穗后才出现典型的黑粉症状。虫害严重的地块，有利于该病发生。

3. 防治方法　选用和种植抗病品种是防治瘤黑粉病的根本措施，田间摘除病株并携带至田外深埋，减少病菌在田间扩散或在土壤残留。加强田间管理，增施含锌硼微肥；重病区实行2年以上轮作，及时防治玉米虫害，减少虫害和耕作机械伤害。化学防治可采用种子药剂处理。可用2%戊唑醇悬浮种衣剂湿拌种40～60g或12.5%烯唑醇可湿性粉剂30～40g，兑水500mL，拌种10kg处理。还可用28%灭菌唑悬浮种衣剂或24%噻呋酰胺悬浮剂进行种子包衣。药剂防治：在上年发生较严重的田块，于玉米出苗期前用50%多菌灵可湿性粉剂500～1 000倍液进行土表喷雾；在玉米出苗后和拔节期可用40%苯醚甲环唑悬浮剂3 000～4 000倍液、12.5%烯唑醇可湿性粉剂1 000～1 500倍液或50%克菌丹可湿性粉剂200倍液喷雾防治；还可在8叶期至叶期喷施20%三唑酮乳油1 000～1 500倍液进行喷雾防治，在花期用50%福美双可湿性粉剂500～800倍液喷雾防治。

三、穗腐病

玉米穗腐病又称玉米穗粒腐病，是由多种病原菌单独或复合侵染引起的果穗或籽粒霉烂的一类病害总称（图7-15）。

图7-15　穗腐病病穗典型症状

1.田间症状　因病原菌的不同而有差异，主要表现为整个或部分果穗和籽粒腐烂，苞叶也常被侵染，包裹在果穗上不易剥离。可见各色霉层，严重时穗轴和整穗腐烂。常见有串珠镰刀菌穗腐、禾谷镰孢菌穗腐、粉红单端孢穗腐、青霉菌穗腐、曲霉菌穗腐等。此外，偶见的还有灰葡萄孢菌（灰霉菌）穗腐、离蠕孢菌穗腐、根霉菌穗腐等，或多种真菌共同引起穗腐。

2.发生规律　病原菌主要以分生孢子或菌丝体在种子或病残体上越冬。分生孢子或菌丝体借风雨、农业机械、昆虫进行传播而引起发病，昆虫取食造成的伤口有利于病原菌侵入。该病可由种子带菌造成系统侵染，但主要的传播途径还是空气传播。

3.防治方法　清除田间病源是防治该病的重要措施。可选用抗病品种，合理密植，合理施肥，适时收获。加强穗期虫害防治，减少伤口侵染。发病初期，可在穗部喷洒5%井冈霉素水剂1 000倍液、50%多菌灵悬浮剂700～800倍液、80%代森锰锌可湿性粉剂500～800倍液、70%甲基硫菌灵可湿性粉剂800倍液或50%苯菌灵可湿性粉剂1 500倍液，隔7d喷1次，视病情防治1～2次。抽穗期用50%多菌灵可湿性粉剂800倍液或50%甲基硫菌灵可湿性粉剂1 000倍液喷雾防治。

四、疯顶病

玉米疯顶病又称丛顶病，是霜霉病的一种，由大孢指疫霉侵染所致（图7-16）。

1.田间症状　该病为系统侵染病害，苗期病株表现为心叶黄化、扭曲、畸形；叶片上有黄白

图7-16　疯顶病病株典型症状

色条纹状失绿，或皱缩成泡状，植株过度分蘖，严重时枯死，造成田间缺苗断垄。抽雄后典型症状为雌雄穗畸形，雄穗全部或者部分花序发育成变态叶，簇生，使整个雄穗呈刺头状，故称疯顶病。有的雄穗上部正常，下部大量增生呈团状（绣球样），不产生正常雄花；雌穗受侵染后分化为多个小穗，呈丛生状，小穗内部全部为苞叶，无花丝，无籽粒。

2.发生规律　以卵孢子或菌丝体在种子、土壤、病残体内越冬。属于种子传播和土壤传播病害。土壤湿度饱和24～28h就可以完成侵染，带病种子是远距离传播的主要载体。

3.防治方法　种植抗病品种，加强检疫，不从疫区购买种子。加强田间管理，轮作倒茬，若遇降雨要及时排水，在苗期不可积水。及时清除病株，带出田间集中销毁。种子处理可用35%甲霜灵干粉剂按种子量的0.3%拌种。发病初期，可用60%锰锌·氟吗啉可湿性粉剂80～120g，兑水50kg均匀喷雾防治，也可用90%三乙膦酸铝可溶性粉剂400倍液或72%霜脲·锰锌可湿性粉剂500～700倍液喷雾防治，还可用52.5%噁酮·霜脲氰水分散粒剂2 000～3 000倍液、20%氰霜唑悬浮剂4 000～5 000倍液、64%噁霜·锰锌可湿性粉剂500倍液喷施，或每亩用35%甲霜·福美双可湿性粉剂150～200g，兑水100kg喷雾防治，隔7d喷1次，连喷2次。

五、纹枯病

玉米纹枯病是危害玉米的重要病害，病原菌有立枯丝核菌、禾谷丝核菌、玉蜀黍丝核菌3种（图7-17）。

图7-17　纹枯病病株典型症状

1.田间症状　纹枯病从苗期到穗期都可发生，危害高峰期是玉米籽粒形成至籽粒充实期，可危害玉米叶鞘、叶片、果穗和茎秆。病斑从基部沿叶鞘向上蔓延，上升到穗部苞叶可引起果穗腐烂。病斑水渍状，椭圆形或不规则形，淡褐色或淡黄色，云纹状并包裹整个茎秆，质地松软，极易倒伏。病斑陆续形成白色菌丝体和黑褐色、大小1~2mm的菌核，极易脱粒。

2.发生规律 病原菌以菌核在地表和浅层土壤中越冬，属于土壤传播病害。病原菌还通过病株与健康植株叶片接触而传播，引起再侵染。病部形成的菌核落入土壤中，于25℃左右发病（低于20℃或高于30℃不利于发病）。在雨水多、土壤或田间相对湿度超过90%以上的时候病害发生严重。

3.防治方法 种植抗病品种，清除病株并进行翻耕，实行轮作，合理密植，改善通风透光条件，降低田间湿度，遇降雨要及时排水。种子处理：每100kg种子施用6.25%精甲·咯菌腈悬浮种衣剂300~400mL，兑水稀释进行种子包衣；也可用11%精甲·咯·嘧菌种子处理悬浮剂，每100kg种子施用500g并兑水稀释拌种。发病初期喷施5%井冈霉素水剂1 000~1 500倍液，或用50%甲基硫菌灵可湿性粉剂500倍液、50%多菌灵可湿性粉剂600倍液、50%苯菌灵可湿性粉剂1 500倍液、40%菌核净可湿性粉剂1 000倍液或50%腐霉利可湿性粉剂1 000~2 000倍液喷雾防治。重点喷施玉米基部叶鞘，喷雾2次，间隔7~10d。

六、鞘腐病

玉米鞘腐病是由多种病原菌单独或复合侵染引起的叶鞘腐烂病的总称。主要病原菌有层出镰孢菌、禾谷镰孢菌、串珠镰孢菌、菊欧文氏菌、玉蜀黍假单胞菌等（图7-18）。

1.田间症状 病斑主要发生在茎秆叶鞘部位。可在任意部位的叶鞘上形成不规则褐色腐烂状病斑。初期为水渍状斑点，后病斑直径扩展到5cm以上，多个病斑汇合形成黑褐色不规则形斑块，蔓延至整个叶鞘，使叶鞘干腐或湿腐。叶鞘内侧褐变重于叶鞘外侧，条件适宜时，可见白色、黑色、红色、紫色霉层。

图7-18 鞘腐病病秆典型症状

2.发生规律 病原菌在病残体、土壤或种子中越冬，为气流传播病害。可随风雨、农具、种子、人畜等传播，高温高湿条件有利于发病。

3.防治方法 种植抗病品种，及时淘汰生产中的高感类型品种，减少病株的回田率。若遇降雨要及时排水，在苗期不可积水。加强田间栽培管理，合理施肥，合理密植，合理轮作，清除病残体，深翻灭茬，减少菌源。用种衣剂拌种，50%多菌灵可湿性粉剂500倍液拌种，堆闷4~8h后直接播种。发病初期在茎秆处喷50%咯菌腈可湿性粉剂3 000倍液，7 ~ 10d喷1次。

七、顶腐病

玉米顶腐病是玉米顶端腐烂病的总称，主要分为镰孢菌顶腐病和细菌性顶腐病，是我国玉米的一种新型病害。镰孢菌顶腐病病原菌是亚黏团镰刀菌（图7-19）。

图7-19 顶腐病病秆典型症状

1.田间症状 玉米从苗期到成株期都可以发生顶腐病，症状复杂多样。苗期病株生长缓慢，叶片边缘失绿，出现黄色条斑，严重时叶片、叶鞘变黄干枯，基部变灰、变褐、变黑而形成枯死苗。成株期病株多矮小，顶部叶片短小、边缘变黄、褶皱扭曲，心叶从基部腐烂，包裹内部心叶使其不能展开，或卷曲成牛尾状，或鞭状直立；严重时心叶腐烂枯死、不能抽雄或形成空秆。

2.发生规律 病原菌在病残体、土壤或带菌种子中越冬，种子带菌还可远距离传播，使发病区域不断扩大。玉米顶腐病还可借助风雨、虫口、机械伤口传播再侵染，高温高湿有利于发病。

3.防治方法 禁止使用病区种源，发病田块应进行轮作，采取清除病残体、深耕、冬灌等措施减少菌源。及时追肥，及时中耕便于排湿提温，防止田间积水，提高幼苗质量，增强抗病能力。使用种子包衣技术，用70%甲基硫菌灵可湿性粉剂、75%百菌清可湿性粉剂、50%多菌灵可湿性粉剂、80%代森锰锌可湿性粉剂或15%三唑酮可湿性粉剂等进行种子包衣。在玉米拔节后，田间出现零星病株时，喷施50%多菌灵可湿性粉剂500倍液、70%甲基硫菌灵可湿性粉剂600倍液、30%琥胶肥酸铜可湿性粉剂600倍液或58%甲霜·锰锌可湿性粉剂1 000倍液防治。

第四节　根茎病害及其防治

一、茎基腐病

玉米茎基腐病又称玉米青枯病、萎蔫病、茎腐病，是由多种病原菌单独或复合侵染所引起茎基腐烂的一类病害总称，是世界玉米产区普遍发生的一种重要病害。引起茎基腐病的病原菌有20多种，主要有镰刀菌、腐霉菌，以及多种细菌（图7-20）。

图7-20　茎基腐病病秆典型症状

1.田间症状　一般从灌浆期开始发病，乳熟末期至蜡熟期为发病高峰。从开始青枯至枯萎，一般5～7d，长的可达15d以上。

常见的症状有青枯病和黄枯病2种类型。植株叶片突然褪色，呈青灰色并干枯；近地表1～3茎节变褐、发软，茎髓组织变褐、分解，仅剩维管束，植株极易倒伏；根系变黑腐烂，失去支撑力；果穗倒挂，植株枯死导致籽粒灌浆不满，千粒重下降，植株茎软，引起倒伏。

2.发生规律　病原菌分生孢子和菌丝体在病残体组织、土壤或种子中存活越冬，在田间可借助风雨、灌溉水、机械、昆虫、虫口进行传播，可发生多次再侵染。腐霉菌茎基腐病发生在高温、潮湿的条件下，降水多、雨量大、土壤湿度大的地区易发病。镰刀菌茎基腐病在前期干旱、灌浆后遇雨的气候条件下大面积发生。细菌性茎基腐病多出现在雨后或田间灌溉后，低洼或排水不畅的地块易发病。高温（30 ～ 35℃）、高湿是本病害发生流行的重要条件，害虫或其他原因造成的伤口有利于病菌入侵。

3. 防治方法　选用抗病品种，结合栽培防治与药剂防治，实行综合防治。及时清除田间病原体，并集中烧毁，减少病菌的回田。增施肥料，合理灌溉，加强田间管理，若遇降水要及时排水。种子包衣处理，同时防治地下害虫。用三唑酮或戊唑醇等杀菌剂拌种，也可用咯菌腈悬浮种衣剂、福·克悬浮种衣剂进行种子包衣，一般为种子质量的1/50；还可用种子质量0.2%～ 0.3%的50%多菌灵可湿性粉剂500倍液或70%甲基硫菌灵可湿性粉剂500倍液浸种。玉米发病初期，可用70%甲基硫菌灵可湿性粉剂800倍液＋65%代森锌可湿性粉剂600倍液在喇叭口期喷雾防治，还可用甲霜灵或多菌灵灌根防治。

二、根腐病

玉米根腐病由多种病原菌单独或复合侵染引起，是苗期玉米根部或近地的茎组织腐烂的一类病害总称，主要是由腐霉菌、镰刀菌和立枯丝核菌等3大类群引起（图7-21）。

图7-21　根腐病病根、病秆典型症状

1. 田间症状　在玉米3 ～ 6叶时发病。一般植株矮小，发病初期玉米苗根尖或根中部出现黄褐色病斑，病斑不断扩展，导致根系变软、腐烂坏死，根皮容易脱落。病害可蔓延至地上部，茎基、叶片、叶鞘出现云纹状黄褐色病斑。严重时，叶片出现火烧状枯死，茎基也发生腐烂。

2. 发生规律　病原菌主要以菌核、菌丝体在土壤、种子或病残体中越冬。根腐病属于土壤传播病害，也可通过伤口侵入，造成根部腐烂。播种过早或过深、积温不够、出苗时间延长、土壤通透性差、土壤含水量高、田间管理粗放、地下害虫严重等均会不同程度地诱发或加重该病。

3. 防治方法　选择抗病品种，品种间抗病性存在显著差异。杜绝病株秸秆还田，适期播种，不宜过早。防止大水漫灌和雨后积水。加强肥水管理，促苗壮。进行药剂拌种，80%代森锰锌可湿性粉剂以种子质量的0.4%拌种，也可以用萎锈·福美双种子处理悬浮剂直接拌种。还可选用58%甲霜·锰锌可湿性粉剂、64%噁霜·锰锌可湿性粉剂、噁霜灵悬浮种衣剂等药剂，以种子质量的0.4%拌种。在发病初期喷施50%甲基硫菌灵可湿性粉剂500倍液，或选用50%多菌灵可湿性粉剂500倍液，或配成药土撒在茎基部。发病较重地块用45%敌磺钠可湿性粉剂500倍液，或50%多菌灵可湿性粉剂＋40%三乙膦酸铝可湿性粉剂1 000倍液，或每株用70%甲基硫菌灵可湿性粉剂＋40%三乙膦酸铝可湿性粉剂1 000倍液100g药液灌根，也可选用多元复合微肥＋磷酸二氢钾溶液叶面喷雾。

三、苗枯病

苗枯病是一种重要的苗期病害，由镰刀菌、丝核菌、腐霉菌、蠕孢菌等多种病原菌单独或者混合侵染引起，是苗期玉米根部或近地茎组织腐烂的一类病害总称（图7-22）。

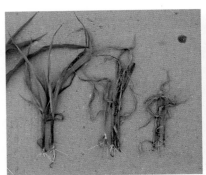

图7-22　苗枯病典型症状

1.**田间症状**　苗枯病是从种子萌芽至3～5叶的幼苗多发生症状，病原菌在种子萌动期即可侵入，导致种子根和根尖变褐腐烂，后扩展导致根系发育不良（如根毛减少、次生根少或无、根系变黑褐色）；可在茎的第1节间形成坏死斑，引起茎基部水渍状腐烂，可使茎基部节间整齐断裂；叶鞘也变褐并撕裂，叶片变黄，叶缘枯焦，心叶卷曲易折。枯死苗近地面处产生白色或粉红色霉状物。病苗发育迟缓，生长衰弱。

2.**发生规律**　病原菌主要在病残体中或直接在土壤中越冬，成为翌年初侵染源，玉米种子也可带菌传播。持续低温、多雨是苗枯病发生和流行的主要气候条件。

3.**防治方法**　种植抗病品种，采取种子药剂处理、改进栽培管理方式等综合措施。合理施肥，加强管理，施足基肥，且苗期至拔节期追肥，尤其注意补充磷肥、钾肥，以培育壮苗。播前先将种子用药浸种，用70%甲基硫菌灵可湿性粉剂500倍液、50%多菌灵可湿性粉剂500倍液或40%三乙膦酸铝可湿性粉剂600倍液浸种40min，晒干后播种；或者用含有效杀菌剂成分的种衣剂进行种子包衣，使用方便且有效，如用2.5%咯菌腈悬浮种衣剂10g或者43%戊唑醇悬浮剂2g，拌种5kg。此法也可预防玉米丝黑穗病。在苗枯病发病初期及时用药。可用70%甲基硫菌灵可湿性粉剂800倍液、20%三唑酮乳油1 000倍液、50%多菌灵可湿性粉剂600倍液或每亩用98%噁霉灵可溶性粉剂13～15g，连喷2～3次防治，每次用药间隔7d左右。喷药的同时可加入高效营养调节剂，以促苗早发，增强植株抗病能力，可有效控制苗枯病。

四、根结线虫病

根结线虫病是线虫取食或寄生在玉米根部，由数种茎线虫、根痕线虫、孢囊线虫、根结线虫等分别引起，是危害玉米根和茎基部的一类重要病害（图7-23）。

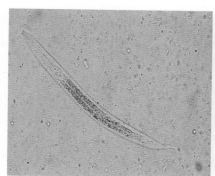

图7-23　根结线虫及根结线虫病典型症状

1.**田间症状**　幼苗从下部叶片尖端开始，沿叶缘向基部逐渐萎蔫变黄，其植株矮小，根的数量减少或过度增多，根细弱，有时根部可见褐色病斑或肿瘤，严重时整个或部分根系腐烂。被害植株后期穗小或结实不良。

2.**发生规律**　玉米收获后，线虫的幼虫和卵散落在土壤或粪肥中越冬。也可通过人、畜和农具携带进行传播，在田间主要靠灌溉和雨水传播。

3.**防治方法**　合理轮作，收获后及时清除病残体。可用10%噻唑膦颗粒剂拌种，或5%阿维菌素乳油500mL灌根。还可用熏蒸型棉隆杀线虫剂，每亩用11kg，沟施，施药后立即覆土，即可有效杀灭线虫。也可每亩用10.5%的阿维·噻唑膦颗粒剂2～3kg拌土撒施。

五、矮化病

矮化病又称老头苗、君子兰苗。线虫和镰孢菌、亚黏团镰孢，以及细菌共同导致该病发生（图7-24）。

图7-24　矮化病病株典型症状

1.发生部位　3叶1心时即可表现症状。典型症状是叶片出现平行于叶脉的褪绿变黄条带或发白条带，有时叶片扭曲。从土壤中拔出幼苗，将茎组织基部的1～2层叶鞘剥除后，能够清晰地看到大部分植株茎基部组织呈纵向或横向开裂状，有很轻微的变褐现象，开裂部和周边没有虫害迹象，组织呈明显的能够对合的撕裂状。有的植株叶鞘边缘发生锯齿状缺刻，或叶片顶端发生腐烂。根系不发达，剖开可见根髓部变色。后期表现为植株矮缩或丛生，下部茎节膨大，不结实或果穗瘦小。

2.发生规律　与土壤中矮化线虫数量和发病率有关，种子带菌传播、土壤传播、低温干旱气候均有利于该病发生。

3.防治方法　选用抗病品种，杀线虫防治。种子包衣可用含有硫双威、丙硫克百威的种衣剂，按照1∶50药种比包衣。发病初期，用药剂灌根，可降低该病害的发生级别。高效药剂：丙硫克百威、混灭威、噻唑膦。无效药剂：吡虫啉、高效氯氰菊酯等其他试验用杀虫杀菌剂。

第八章
玉米草害识别及防治技术

　　玉米田常见的杂草有马唐、狗尾草、牛筋草、香附子、刺儿菜、铁苋菜、鸭跖草、藜（灰菜）、马齿苋、反枝苋、鹅儿肠（牛繁缕）、苘麻、田旋花（野牵牛）、葎草（拉拉秧）、苍耳等（图8-1）。

马唐

狗尾草

牛筋草

香附子

刺儿菜

铁苋菜

鸭跖草　　　　　　　　藜（灰菜）

马齿苋　　　　　　　　反枝苋

鹅儿肠（牛繁缕）　　　苘麻

田旋花（野牵牛）　　　葎草（拉拉秧）

苍耳　　　　　　　　　独行菜

斑地锦草　　　　　　　稗草

拉拉藤（猪殃殃）

平车前（车前草）

画眉草

龙葵

曼陀罗

旱莲草

续随子（千金子）

苣荬菜

小蓬草（小飞蓬）

酸浆

艾（艾草）

鬼针草

图8-1　玉米田常见杂草

第二节　玉米田杂草防治问答

一、河南省玉米田的主要杂草有哪些？

河南省玉米田主要杂草有马唐、牛筋草、稗草、狗尾草、反枝苋、马齿苋、藜、苘麻、田旋花、苍耳、铁苋菜、苣荬菜、龙葵、葎草等。玉米田草害面积为草面积的82%～96%，其中中等以上危害面积达64%～66%。玉米整个生育期都会受到杂草的危害，生产中要及时防除。

二、农田杂草按其危害程度分为哪几类？

①恶性杂草：全国有20多种，如南方水稻田的稗草，北方旱地的野燕麦、反枝苋、狗尾草、藜、白茅等。②主要杂草：指危害范围较广泛、危害较严重的杂草，共30多种，其中田旋花为北方旱区常见而局部危害严重的草种。③地域性主要杂草：共20多种，其中菟丝子、列当、毒麦等是北方旱区局部地区主要杂草。④次要杂草：指一般不对农作物造成较严重危害的常见杂草，共180多种。

三、玉米田杂草按其生长年限是如何进行分类的？

①一年生杂草：这类杂草在一年中完成其生命周期，即从发芽、生长、开花、结果直至死亡在一年内完成，以种子繁殖。一年生杂草多在5—6月发芽出苗，当年夏季到秋季开花结实，是农田中主要的危害者。其数量大，种类多，是主要的防除对象，常见的如藜、萹蓄、马唐、狗牙根、反枝苋等。②越年生杂草：这类杂草在2年内完成其生命周期，一般是第1年完成营养生长，第2年抽薹、开花、结实，进行生殖生长。这类杂草主要以种子繁殖，如密毛白莲蒿（黄蒿）、益母草、荠等。③多年生杂草：这类杂草一般能活3年或更多年限，一生中能多次结实繁殖，既可以通过种子繁殖，也可以通过营养器官繁殖。根据地下器官的繁殖特点又分为：根茎杂草，如问荆；根芽杂草，如苣荬菜；直根杂草，如蒲公英；球茎杂草，如水莎草；鳞茎杂草，如野蒜。

四、杂草有哪些特性？

①繁殖与再生能力强：杂草的种子达3万～4万粒/株，种子量大。种子寿命长，如刺儿菜、龙葵种子在土壤中可保持20年；平车前、马齿苋、反枝苋可存活40年；毛蕊花可保持80年。繁殖方式多种多样，既可种子繁殖也可营养器官繁殖。②休眠与发芽具不整齐性：每株杂草的种子有多个休眠期。如同一株藜的种子，大而扁平的当年萌发；暗绿色的第2年春天萌发；最小的第

3年才能萌发。③传播方式具多样性：成熟后直接落粒入土的，如荠、藜；靠风传播的，如蒲公英、刺儿菜；靠水传播的，如野燕麦、水莎草；靠人、畜、农机具传播的，如鬼针草、苍耳；靠自然力传播的，如野大豆。此外，多种杂草的种子可靠粪肥传播。④适应广、抗逆性强：抗旱的野燕麦、藜、荠；抗涝的香附子、狗牙根；抗盐碱的碱茅；抗低温的荠、侧金盏花（冰凌花）；等等。

五、播前或播后苗前的土壤除草剂有哪些？亩用量为多少？

①48%仲丁灵乳油180～250mL。②43%甲草胺乳油200～250mL。③72%异丙甲草胺乳油100～150mL。④50%乙草胺乳油100～150mL。⑤50%西玛津可湿性粉剂200～300g。⑥38%莠去津悬浮剂200～300mL。⑦30%氰草·莠去津悬浮剂200～300mL。⑧42%甲·乙·莠悬乳剂350～400mL。⑨40%异丙草·莠悬浮剂200～250mL。⑩42%丁草胺·莠悬浮剂80～100g。

①②③④⑤⑥⑦主要防治一年生的禾本科杂草及部分阔叶杂草。在生产中，多以莠去津与酰胺类除草剂混用，以便扩大杀草谱，降低残留量。⑧⑨⑩对玉米地大多数杂草防除效果较好。丁·莠悬乳剂对土壤墒情要求较高，所以不宜在干燥的玉米田使用。

六、苗后茎叶处理的除草剂有哪些？亩用量为多少？

①4%烟嘧磺隆可分散油悬浮剂75～100mL。②75%噻吩磺隆干悬浮剂1～2g。③48%灭草松水剂100～200mL。④48%麦草畏水剂25～40mL。⑤56%2甲4氯钠可溶性粉剂60～100g。⑥30%溴苯腈乳油75～90mL。⑦20%氯氟吡氧乙酸乳油40～50mL。⑧30%草甘膦水剂70～150mL。

③④⑤⑥⑦⑧防治阔叶杂草，在玉米4～6叶期，杂草2～6叶期施用效果较佳，施药过早或过迟易产生药害。①和②对禾本科杂草和阔叶杂草均有效，在杂草3～5叶期施用。

七、土壤封闭除草的注意事项有哪些？

单位面积用药量应视地区土壤质地、土壤墒情、气温等条件而定。土壤墒情越好，用量越少；有机质含量越高，用量越多。容易发生春旱的地区，必须浇足底墒水，精细整地，播后镇压，然后用药。如果土壤墒情不好，施药后可浅混土或进行喷灌。

八、除草剂进行茎叶喷雾时的注意事项？

①烟嘧磺隆不能与有机磷类农药混用，2种药剂使用间隔期应在7d以上，

与菊酯类农药混用时要注意尽量避开心叶，防止药液灌心。大豆、蔬菜、高粱等作物对硝磺草酮敏感，需防止飘移药害。乙草胺活性高，在有机质含量高的土壤（如黏土）或干旱情况下可采用较高药量（不能超过农药标签使用量上限）；在有机质含量低的土壤（如沙壤土）或有降水、灌溉的情况下，建议采用农药标签使用量下限。

②配药时要做到二次稀释，不要水、药直接混合。可先加1/3的水，再加助剂，然后加原药，混合均匀后加满水再喷施。夏季施药时间避开中午高温时段。风力3级以上或下雨天气也不宜施药。

③严格选择剂型和合适药液量。除草剂用量要严格执行农药标签规定的上下限标准，不得随意加大用药量。每亩用药液量（农药制剂兑水后），无秸秆还田的土壤封闭处理不少于30kg，秸秆还田的土壤封闭处理不少于45kg；适期茎叶处理的，杂草偏小时不少于30kg，杂草偏大时不少于45 kg。

④坚持科学轮换使用。为了避免杂草产生抗药性及对后茬作物造成影响，建议使用合适的除草剂科学轮换使用，避免长期使用单一品种。在杂草发生轻的田块，物理方法就能有效控制的情况下，应避免滥用除草剂。

九、哪些除草剂使用后下茬不能种玉米？

前茬用过氯嘧磺隆（豆草隆、豆磺隆）、咪唑乙烟酸（咪草酸、普施特）的田块需间隔24个月后种植玉米；氟磺胺草醚（虎威）有效用量为375g/hm^2，即25%氟磺胺草醚水剂用量为每亩100mL，需间隔24个月后种植玉米。

十、除草剂混用有什么优点？

①扩大杀草谱。②延长施药期。如乙草胺、异丙甲草胺等是芽前土壤处理剂，莠去津也是土壤处理剂，二者混合后可以在杂草刚萌动和玉米4叶前施用，延长各自施药期10～15d。③降低农药残留活性。莠去津在常用剂量情况下，下茬不能种植油菜等敏感作物，如与甲草胺混合，除草效果与单用莠去津相当，但用量降低，3个月后土壤已无残留。④降低药害。嗪草酮是大豆苗前除草剂，但其水溶性大，易被豆苗吸收产生毒害，与氟乐灵混用，既提高药效，又对大豆表现出拮抗作用，使大豆免受危害。⑤提高药效。⑥减轻劳动强度。

十一、除草剂混用应注意哪些问题？

必须预先试验；混剂必须有增效作用和加成作用，有物理化学的相容性，不出现分层、沉淀等现象；混用的单剂杀草谱不同；不同特性的除草剂相结合；混剂的选择和各自用量视具体情况而定。

十二、除草剂产生药害的原因有哪些?

①误用。②除草剂的质量问题。③使用技术不当。④混用不当。⑤雾滴飘移或挥发到其他作物田。⑥除草剂降解产生有毒物质。⑦施药器具清洗不干净。⑧土壤残留。⑨异常气候或不利的环境条件。在正常的气候条件下,乙草胺对大豆安全。但施用乙草胺后遇暴雨,大豆则会受害。

十三、怎样施用除草剂可避免药害的产生?

在大面积施用某种除草剂前,一定要预先试验;选用质量可靠的除草剂,适时、适量、均匀施用。施药后,彻底清洗施药器具。施用长残效除草剂,应尽量在作物前期施用,严格控制用药量,并合理安排后茬;在异常气候条件下不要施用除草剂;邻近有敏感的作物,不要施用易挥发或活性高的除草剂,以免产生飘移药害;合理混用除草剂是防止药害的有效方法;不太安全的除草剂,应加上安全剂后再使用。

十四、杂草出现抗药性怎么办?

轮换使用除草剂;混用作用机制不同的除草剂;避免过量使用除草剂,只在必要时才使用;合理轮作,降低杂草的发生;采用综合防治措施;注意观察,防止可能产生抗性的杂草的种群扩散;对已产生抗性的杂草,改换作用机理不同的除草剂,或采用其他防治措施;防止抗性杂草种子随农机具传播到其他地方。

十五、什么是农田杂草的综合防治?

杂草防治是将杂草对人类生产和经济活动的有害性降低到人们能够承受的范围之内。杂草的防治不是消灭杂草,而是在一定的范围内有效控制杂草。实际上"除草务尽",从经济学、生态学观点看,既没有必要也不可能。

杂草的综合防治就是严格杂草检疫制度,实行农业防治、生物防治、物理防治、化学防治相结合的杂草防治方法。

十六、杂草的农业防治有哪些措施?

一是做好预防措施:及时清除地边、路旁杂草;施用腐熟的有机肥;精选种子;清除灌溉水中的杂草种子;及时收获作物。

二是建立合理的轮作制度:实行水旱轮作;旱地轮作换茬。

三是建立正确的土壤耕作制度:耕翻地(伏翻、秋翻、春翻);表土耕作(耙地、整地和播种灭草、苗前和苗后灭草、中耕培土)。

十七、什么是杂草的生物防治?

①利用昆虫除草,如澳大利亚利用蛀蛾防治仙人掌。②利用植物除草,如水田放养满江红(绿萍)。③利用动物除草,如鹅取食列当。④微生物除草剂除草。经典生物防治的方法是通过将相对较少量的植物病原菌接种于杂草种群中,以建立自然的拮抗种群,病原菌在新环境中繁殖,把杂草种群控制在较低的或可接受的水平。微生物除草剂法类似化学除草,通常是将相对高浓度的真菌孢子或无性繁殖体直接喷施于寄主杂草或恶性植物上。⑤抗生素除草剂除草。是利用微生物所产生的次生代谢产物即植物毒素,进行杂草防治的一种办法。植物病原菌产生的植物毒素干扰植物的代谢。微生物除草剂大多对哺乳动物无毒或低毒,更易降解,不会引起生物灾害。⑥他感作用除草。利用某些植物及其产生的有毒分泌物质能够有效抑制或防治杂草,如小麦可防治白茅;雀麦可防治匍匐冰草;冰草防治田旋花;紫苜蓿防治野灯芯草和丝路蓟(田蓟);白车轴草(三叶草)防治金丝桃属杂草等。

十八、除草剂的剂型有哪些? 各有哪些特点?

除草剂的剂型主要有粉剂、水剂、可湿性粉剂、可溶性粉剂、乳油、浓乳剂、悬浮剂、胶悬剂、超低量喷雾剂、颗粒剂、泡沫剂、缓释剂、熏蒸剂、片剂等。

①可湿性粉剂:是原药同填充料(如碳酸钙、陶土等)和一定量的湿润剂及稳定剂混合磨制成的粉状制剂。可湿性粉剂易被水湿润,可均匀分散或悬浮于水中,宜兑水喷雾,使用时要搅匀药液;也可拌成毒土撒施。②颗粒剂:由原药加辅助剂和固体载体制成的粒状制剂,如5%丁草胺颗粒剂。颗粒剂多用于水田撒施,遇水崩解,有效成分在水中扩散分布全田而形成药层。该剂型使用简便、安全。③水剂:是水溶性的农药溶于水中,加表面活性剂制成的液剂,如48%灭草松水剂。使用时兑水喷雾。④可溶性粉剂:是指在使用浓度下,有效成分能迅速分散而完全溶解于水中的一种剂型。外观呈流动性粉粒。此种剂型的有效成分为水溶性,填料可以是水溶性的,也可以是非水溶性的。⑤乳油:原药加乳化剂和溶剂配制成的透明液体。加水后分散于水中呈乳状液。此剂型脂溶性大,附着力强,能透过植物表面的蜡质层,最适宜茎叶喷雾。⑥悬浮剂:是难溶于水的固体农药以小于5μm的颗粒分散在水中形成的稳定悬浮糊剂,加入适量的湿润剂、分散剂、增稠剂、防冻剂、消泡剂和水,湿磨而成。使用前用水稀释。质量好的悬浮剂在长期贮藏后不分层、不结块,用水稀释后易分散、悬浮性好。有的悬浮剂农药品种在贮藏后会出现分层现象,使用前应充分摇匀。⑦浓乳剂:是指亲油性有效成分以浓厚的微滴分散在水中呈乳液状的一种剂型,俗称水包油。该种剂型基本不用有机溶剂,因而比

乳油安全，对环境影响小。⑧熏蒸剂：在室温下可以汽化的制剂。大多数熏蒸剂注入土壤后，其蒸气穿透层能起暂时的土壤消毒作用。⑨片剂：由原药加填料、黏着剂、分散剂、湿润剂等助剂加工而成的片状制剂。该剂型使用方便，有直接投放在水田的水分散性片剂或稀释后喷雾的水溶性片剂。

十九、影响除草剂药效的因素有哪些？

①除草剂剂型和加工质量：同一种除草剂不同的剂型对杂草防除效果不尽相同。如莠去津悬浮剂的药效比可湿性粉剂高。②作物、杂草、土壤微生物等生物因素：为了保证除草剂的药效，在确定施用量时，需要考虑到作物的种类和长势。杂草群落结构、杂草大小、杂草的密度对除草剂药效的影响极大。当土壤中分解某种除草剂的微生物种群较大时，则应适当增加该除草剂用量，以保证其药效。③土壤条件、气候等非生物因素：土壤质地、有机质含量、pH和墒情。有机质含量高、黏性重的土壤中，药效下降；高温、高湿有利于除草剂药效的发挥；风速主要影响施药时除草剂雾滴的沉降。④施药剂量：杂草叶龄高、密度大，应选用高剂量；反之，则选用低剂量。⑤施药时间：许多除草剂对某种杂草有效是对杂草某一生育期而言的。如酰胺类除草剂对未出苗的一年生禾本科杂草有效。在这些杂草出苗后使用，则防效极差，对大龄杂草则无防效。

二十、春玉米与夏玉米种植区的化学除草技术有哪些区别？

在春玉米种植区，于玉米3～6叶期、杂草2～4叶期，选用烟嘧磺隆、硝磺草酮、苯唑草酮、莠去津、2,4-滴异辛酯、氯氟吡氧乙酸、辛酰溴苯腈及其混剂进行茎叶喷雾处理。以藜、苋、苘麻、龙葵等杂草为主的玉米田，选用硝磺草酮＋莠去津，桶混进行茎叶喷雾处理；以狗尾草、马唐等杂草为主的玉米田，选用烟嘧磺隆＋硝磺草酮（苯唑草酮）＋莠去津，桶混进行茎叶喷雾处理；以打碗花、苣荬菜、刺儿菜等阔叶杂草为主的玉米田，选用氯氟吡氧乙酸、辛酰溴苯腈及其混剂进行茎叶喷雾处理。

在夏玉米种植区，采用一年二熟种植模式，玉米在小麦收获后贴茬免耕种植，杂草防控采用"盖杀结合"或"封杀结合"策略。小麦收获后，采取秸秆田间粉碎覆盖，免耕播种夏玉米，在玉米4～6叶期，选用烟嘧磺隆、硝磺草酮、莠去津、苯唑草酮及其混剂进行茎叶喷雾处理。无秸秆覆盖的田块在播后苗前，选用乙草胺（异丙甲草胺、异丙草胺）＋莠去津（氰草津、特丁津）桶混，或者乙·莠（有效成分为乙草胺和莠去津）、丁·莠（有效成分为丁草胺和莠去津）进行土壤封闭处理。

二十一、常使玉米发生药害的除草剂有哪些？

常使玉米发生药害的除草剂有磺酰脲类除草剂、三氮苯类除草剂、苯氧羧酸类除草剂、酰胺类除草剂、有机磷类除草剂和联吡啶类除草剂。三氮苯类除草剂主要有扑草净、莠去津、氰草津等；磺酰脲类除草剂主要有砜嘧磺隆、烟嘧磺隆、噻吩磺隆等；有机磷类除草剂主要有草甘膦等。

①玉米对精喹禾灵和高效氟吡甲禾灵都比较敏感。误施或邻近地块施药，精喹禾灵和高效氟吡甲禾灵的雾滴飘移到玉米植株上会产生药害，所以不能在玉米田使用。②草甘膦是一种灭生性除草剂，在玉米田常使用，但是如果玉米苗还没有超过40cm，则不能使用，误施或药液飘落到玉米植株上，就会产生药害，但因为药害发展缓慢，需要数十日才会观察到死苗。③还有很多是玉米比较敏感的除草剂，不能在玉米田使用，如苯磺隆等。

二十二、市面上的除草剂混用效果有何不同？

①烟嘧磺隆＋莠去津，封杀兼具，成本低，使用安全，见效慢、对芦苇、香附子防效不佳。②硝磺草酮＋莠去津，封杀兼具，除草速度快，杂草易反弹，价格稍贵。③烟嘧磺隆＋硝磺草酮＋莠去津，除草广谱，除草速度快，杂草易反弹，价格稍贵。④26%噻隆·异噁唑悬浮剂，利用土壤封闭、苗后早期茎叶以及遇水再激活的三重除草机制，可快速杀死已出土杂草，抑制新的杂草出土，遇雨再激活效果还可抑制后期杂草，可与莠去津混合施用，但其价格较贵。⑤氯氟吡氧乙酸＋灭草松、氯氟吡氧乙酸＋唑草酮对恶性杂草鸭跖草有防除特效。⑥氯氟吡氧乙酸、2，4-滴异辛酯对恶性杂草田旋花有防除特效。⑦2，4-滴异辛酯对苣荬菜、刺儿菜、蓟有防除特效。⑧2，4-滴异辛酯、唑草酮、2甲4氯对香附子有防除特效。

第九章
玉米常见非侵染性病害

第一节 玉米常见自然灾害

一、干旱危害

玉米干旱危害如图9-1所示。

图9-1 干旱危害

二、低温冷冻害

玉米低温冷冻害如图9-2所示。

图9-2 低温冷冻害

三、日灼、高温热害

玉米日灼、高温热害如图9-3所示。

图9-3　日灼、高温热害

四、渍害

玉米渍害如图9-4所示。

图9-4　渍害

五、雹灾、风灾

玉米雹灾、风灾如图9-5和图9-6所示。

图9-5　雹灾　　　　　　　　　　　　图9-6　风灾

第二节　玉米缺素症

玉米缺素症表现为玉米产区常见的生理性病害，引起玉米生理失调的原因很多，主要是营养物质氮、磷、钾或微量元素供应缺乏，或不良环境（气候、水分等）条件。以上均可大面积造成植株普遍发病，导致减产（图9-7）。

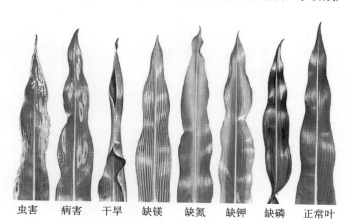

虫害　　病害　　干旱　　缺镁　　缺氮　　缺钾　　缺磷　　正常叶

图9-7　玉米缺素症与其他危害症状比较

一、缺氮症

植株矮小，叶色褪绿，一般自下部叶片的叶尖开始变黄，从叶尖沿中脉向基部扩展，顺叶尖向内部发展呈倒V形，先黄后枯。幼苗生长缓慢、细弱，叶片黄绿色。中后期叶片由下而上发黄，先从叶尖开始，然后沿中脉向叶基延伸，形成一个V形黄化部分，边缘仍为绿色，最后全叶变黄枯死，果穗小，顶部籽粒不充实。

常在土壤缺氮、大雨后氮素流失或反硝化严重的地块发生。补救措施：苗期缺氮时可叶面喷施1%～1.5%的尿素溶液，同时要分次追施速效氮肥每亩用15kg。氮肥有尿素、硫酸铵、氯化铵、碳酸氢铵，有条件的可配合施用有机肥（作为基肥）。

二、缺磷症

玉米苗期缺磷，幼苗生长会缓慢、瘦弱、矮缩，根系发育差，叶片不舒展，茎秆细弱；茎基部、叶鞘、下部叶片甚至全株叶尖和尖缘呈紫红色，其余部分呈绿色或灰绿色，叶缘卷曲。缺磷严重时老叶叶尖枯萎呈黄色或褐色，花丝抽出迟，雌穗畸形、穗小、结实率低且成熟推迟。

常发生在苗期。在土壤温度低、湿度大或干旱、紧实的田块，玉米根系易表现出缺磷症；受病、虫、除草剂危害及栽培措施不当的田块也容易发生土壤缺磷；播种过早遇低温，诱发缺磷。石灰性土壤有效磷含量低，磷肥易被固定。补救措施：早期可以开沟追施磷酸氢二铵每亩用20kg，既促进玉米高产，又经济实用。如果苗期出现缺磷症状，可喷施1%的过磷酸钙溶液，也可喷施0.2%～0.5%的磷酸二氢钾溶液。

三、缺钾症

幼苗发育缓慢，植株矮小，叶片较长。从整株看，先在老叶出现失绿和坏死；随着老叶成熟缺钾症状又会向中部叶片发展，中下部老叶叶尖及叶缘呈黄色或似火红色焦枯，并褪绿坏死或破碎，节间缩短，茎秆细弱，易倒伏，果穗发育不良，顶端细，秃尖长。当缺钾程度继续加重，在叶尖和叶缘有坏死斑点，叶缘干枯，成烧焦状，农民称为"焦边"，这是典型的缺钾症状（图9-8）。

图9-8 钾素缺乏典型症状

玉米对钾肥的需要仅次于氮肥。紧实的土壤影响根系生长易引发缺钾症。有效钾含量低、沙性土、少免耕的地块及旱季也易造成土壤缺钾。

补救措施：①提倡前茬小麦施足钾肥，一肥两用。否则，应对玉米及时补施氯化钾5～10kg。②叶面喷施磷酸二氢钾溶液，每亩用量200g，兑水30kg。

四、缺锌症

前期缺锌表现为新叶下半部呈淡黄色至白色，俗称花叶条纹病、白条干叶病。苗期表现为新芽白色，由叶片基部向顶端扩展，严重时白化斑块变宽，整株失绿成白苗。拔节后，病叶中脉两侧出现黄白条斑，呈宽而白的斑块，病叶遇风容易撕裂。病株节间缩短、矮化，有时出现叶枕错位现象；抽雄、吐丝延迟，有的不能抽穗，有的能抽穗但果穗发育不良（图9-9）。

图9-9 锌素缺乏典型症状

当磷肥施用量大以及施用氮肥过多，会导致土壤有效锌不足。土壤pH高、温度低、湿度大、有机质含量低的田块也易造成缺锌。补救措施：①施用锌肥，作为基肥或追肥，一般每亩施入硫酸锌1～2kg。②在拔节期，叶面喷施0.1%～0.2%硫酸锌或氯化锌水溶液2～3次，每次间隔10～15d，可缓解症状。

五、缺硼症

前期缺硼，幼苗展开困难，叶组织遭到破坏，叶脉间呈现白色宽条纹，嫩叶叶脉间出现不规则白色斑点，各斑点可融合成白色条纹，根部变粗、变脆；严重时节间伸长受抑制或不能抽雄或吐丝、籽粒授粉不良，穗短、粒少。开花期缺硼，雄穗不易抽出，雄花退化，雌穗也不能正常发育，甚至会形成空秆；果穗籽粒行列弯曲不齐，结实率低，穗顶部变黑。

有机质含量少、沙性土、保肥保水性差的土壤中长期干旱也易诱发缺硼。补救措施：①施用硼肥，作为基肥一般每亩施入硼砂0.5kg，与有机肥混施效果更好。②叶面喷肥0.1%～0.2%的硼砂溶液，在苗期、拔节期各喷1次，间隔10d左右。③遇旱及时浇水。

六、缺锰症

幼叶的脉间组织逐渐变黄，但叶脉及其附近部分仍保持绿色，因而形成黄绿相间的条纹；叶片弯曲、下垂，根系较细、长而白。严重时，叶片会出现黑褐色斑点，并逐渐扩展到整个叶片。pH低、沙性土、降水量多的土壤易诱发植株缺锰。补救措施：①以硫酸锰作为基肥或追肥，每亩施1～2kg。②叶面喷施0.05%～0.1%的硫酸锰溶液，每次间隔5～7d，连喷2次，在苗期、拔节期各喷1次。

七、缺铜症

叶片刚伸出就黄化，叶片失绿变成灰色，上部叶片或嫩叶发黄、叶尖卷缩、叶边不齐，叶片卷曲、反转；幼叶易萎蔫，老叶易在叶舌处弯曲或折断，果穗发育不正常。一般土壤pH高的土壤，铜的有效性降低；氮肥施用过多，也会引起植株缺铜。补救措施：①每亩施用硫酸铜1～2kg，施用效果可维持1～2年。②叶面喷施0.1%硫酸铜溶液，在苗期和拔节期各喷1次。

八、缺铁症

叶绿素形成受到抑制，幼叶叶片脉间失绿且呈条纹花叶，心叶表现明显，严重时整个叶片失绿发白，更严重时心叶不出，植株生长不良、矮缩，生育延迟，有的甚至不能抽穗。在石灰性土壤中，通气良好的条件下易缺铁；土壤中磷、锌、锰、铜含量过高，钾含量过低，使用硝态氮肥，均会加重土壤缺铁。补救措施：①每亩底施5～10kg硫酸亚铁，混合有机肥使用效果更好。②用0.1%～0.5%硫酸亚铁或0.5%氨基酸铁溶液进行叶面喷洒，连喷1～2次。

九、缺硫症

植株矮化，叶发黄，植株体色褪绿后呈淡绿色或黄绿色，新叶发病重于老叶，叶片变薄，成熟期延迟。在pH低、沙性土、有机质含量低的干旱土壤，易发生缺硫现象。补救措施：施用硫酸钾、硫酸锌、硫酸锰、硫酸铜、硫酸亚铁等肥料。

十、缺钙症

植株生长不良，呈轻微黄绿色，矮化，心叶不能伸展，有的叶尖黏合在一起呈梯状，心叶叶尖及叶片前段叶缘焦枯，出现不规则齿状缺裂（图9-10）。补救措施：①增施农家肥或钙肥，提高土壤中可吸收钙的含量，酸性土壤施用石灰或熟石灰等肥料。②叶面喷施0.5%的氯化钙溶液或0.5%过磷酸钙溶液。

图9-10　钙素缺乏典型症状

十一、缺镁症

镁不足时，下位叶先是叶尖前端脉间失绿，并逐渐向叶基部扩展，叶脉仍绿，呈现黄绿色相间的条纹，严重后叶缘出现显著紫红色。缺镁症大多在生育后期发生，易与叶片生理衰老混淆，但衰老叶片为全叶均匀发黄，而缺镁则是脉绿肉黄。补救措施：施用镁肥，每亩施用纯镁18～22.5kg，酸性土壤施用碳酸镁，碱性土壤施用硫酸镁。

第三节　玉米生理性病害

一、籽粒丝裂

籽粒丝裂是一种非生物性病害，其典型症状是玉米籽粒上有一条与乳线平行的裂纹或环绕籽粒的裂纹（图9-11）。籽粒发病后导致籽粒品质下降，易感染病菌而引起籽粒腐烂。其发病与灌浆速度过快有关，灌浆快籽粒胚部会迅速膨胀，而种皮的发育不能和籽粒灌浆速度同步进行，导致籽粒丝裂。此外，籽粒丝裂也与品种有关，有些品种种植时间较长可能会发生籽粒丝裂，而有的品种则不会。

图9-11　籽粒丝裂症状

二、籽粒爆裂

籽粒爆裂的典型症状是玉米籽粒在果穗上出现爆裂，与籽粒丝裂不同的是籽粒丝裂只有脱粒后才能发现，而籽粒爆裂则是去掉苞叶后就能发现（图9-12）。一般认为籽粒爆裂与玉米品种有关，也可能与田间管理有一定的关系。如在玉米灌浆期间，前期干旱较重或肥力不足而影响灌浆，后期遇降雨或增施肥料，玉米籽粒迅速膨大，使种皮和籽粒内容物不能同步发育，出现籽粒爆裂现象。

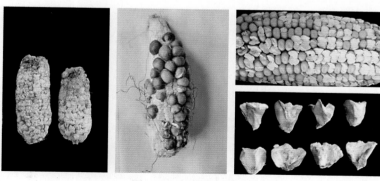

图9-12　籽粒爆裂症状

三、籽粒霉烂

玉米发生籽粒霉烂一般与籽粒含水量有关。脱水较慢的品种在收获脱粒后，若晾晒不及时（或不能及时烘干）或晾晒时被雨淋，水分不能迅速散失，会造成籽粒发热霉变、有酸味，导致品质下降，甚至不能作粮饲食用，造成经济损失。因此，选择玉米品种时一般要选择脱水快的品种，并加强晾晒、通风与贮藏管理，防止籽粒霉烂（图9-13）。

图9-13　籽粒霉烂症状

四、穗腐烂

穗腐烂是玉米果穗在植株上腐烂，或收获后因晾晒不及时出现穗腐的现象。穗腐后籽粒出现腐烂，籽粒失去原有光泽，不饱满，内部空虚（图9-14）。穗腐烂发生时，病菌入侵后在植株上发病，苞叶常被密集的菌丝贯穿黏结在一起，紧贴在果穗上不易扒去。收获后若晾晒不及时，果

图9-14　穗腐烂症状

穗烘干后也易出现穗腐。穗腐发生后籽粒千粒重下降，品质也下降。穗腐烂与玉米品种有关，与果穗受外界损伤有关，与人为机械操作有关，也与气候有关。

籽粒丝裂、籽粒爆裂的防治只能从选择品种入手，避免选用灌浆过快、具有丝裂、爆裂特性的自交系做育种亲本，需要选择种植几年后没有发生这些情况的品种。而玉米籽粒霉烂和穗腐烂，除了从选择抗病品种角度考虑外，还要加强收获前和收获后的管理，促使果穗快速脱水。

五、多穗

多穗指玉米单株长有2个以上果穗，而且能正常结实的现象。表现为一个果穗部位产生多个果穗或不同茎节上分别长出果穗（图9-15）。第一果穗发育受阻或授粉、受精不良会出现多穗。因品种特性、碳氮代谢不协调、种植密度过大（过小）、苗期生长受阻、抽雄开花期肥水过多、生长

图9-15　多穗症状

过旺等因素，会导致多个节上发育成熟的雌性花序，从而造成多穗病害。一般应选择适宜的优良品种，适时播种，合理密植，加强肥水管理，发现多穗及时掰掉，避免消耗养分。

图9-16　果穗畸形症状

六、果穗畸形

果穗基部发育正常，中部或上部呈现脚掌状、哑铃形、手掌状等不规则形状，该现象的产生与品种、气候有关（图9-16）。雌穗形成期遇到干旱、高温、低温、多雨、冰雹、霜冻、洪涝等可造成果穗畸形；在雌穗分化阶段，如果营养不足，畸形率增高。除草剂、矮化剂施用量过大或使用时期不当造成药害时，受到病虫危害时都会诱发畸形穗。一般应选用适合生态区品种，合理密植，科学调控肥水，注意防治病虫害。

七、顶生雌穗

顶生雌穗指雄穗部位结出雌穗，并有籽粒形成的返祖现象（图9-17）。在幼穗分化生长阶段，当植株生长点受到冰雹、涝害、除草剂及机械等不良环境条件干扰时，雌雄穗分化受到影响，有的玉米植株雄穗上的雄蕊原基停止生长或进程缓慢，继而雌蕊原基会刺激植株发育形成籽粒，表现为直接在植株顶部长出玉米穗。顶生雌穗产生与品种有关，一些品种在早期土壤紧实或水分饱和情况下也易发生。一般注意选育优质杂交种，适期播种，加强大喇叭口期前后肥水管理，合理施肥，加强病虫草害防治。

图9-17　顶生雌穗症状

八、穗发芽

在玉米灌浆成熟阶段遇阴雨或潮湿天气，籽粒开始萌发出芽，常伴随着穗腐烂发生（图9-18）。原因是有的玉米品种苞叶紧而短，后期雨水大，渗入果穗，而高温高湿条件适合籽粒萌发；休眠期短的品种，收获后晾晒不及时也易发生穗发芽现象。一般选用休眠期长的品种，适时收获，及时晾晒，也可进行干燥，或使用抑制剂防止穗发芽。

九、秃尖

玉米秃尖指果穗顶部不结实，穗尖籽粒在灌浆期和乳熟期败育（图9-19）的现象。其发生与品种有关。库大源小类品种，或对光、温、水敏感的品种易发生，授粉、籽粒形成期及灌浆阶段，在干旱、高温或低温、连续阴雨、缺氮、花丝发育晚、花粉量少、叶部病害等条件下加重发生。果穗种植密度大、通风透光不良、果实顶端得不到足够营养，也会形成秃尖。一般选用适应性强、结实性好的品种，合理密植，遇到不良条件时人工辅助授粉，科学肥水管理，保证大喇叭口期至灌浆期水肥供给充足，及时防治病虫草害，防止杀虫剂和除草剂产生药害。

图9-18　穗发芽症状

图9-19　秃尖症状

十、缺粒（花粒）

玉米缺粒表现为多种形式（图9-20）：一是果穗一侧自基部至顶部整行没有籽粒，穗形多向缺粒一侧弯曲（香蕉穗）。二是整个果穗结籽粒很少，在果穗上呈散乱分布。三是果穗籽粒未灌浆，为空壳，只有表皮，籽粒未发育。缺粒发生与品种、土壤、营养与肥水、气候、栽培管理、病虫害发生的严重程度等密切相关。干旱和高温导致花丝受堵、花粉脱落，造成果穗授粉不良，胚乳没有正常受精，籽粒败育；作物生长不均衡、除草剂药害、昆虫咬食和花丝受损等造

图9-20　缺粒（花粒）症状

成花粉供应量不足或营养不足导致灌浆不好；或缺磷都会影响授粉，造成缺粒。

图9-21　空秆症状

十一、空秆

空秆表现为无果穗或有果穗无籽粒（20粒以下）（图9-21）。发生原因主要为品种不适合当地的生态条件，密度偏大、施肥量不足造成的玉米雌雄穗营养不良，抽雄授粉期前后高温干旱，不能正常授粉受精，抽雄散粉时期连绵阴雨，营养失调，种子纯度低，田间管理病虫草害时造成田间整齐度差，或缺苗后补种、补栽造成小弱苗。一般选用正规厂家生产的良种和高纯度的种子，合理密植，提高播种质量、选留壮苗匀苗，提高群体生长整齐度，保证大喇叭口期至籽粒形成期水肥合理供给，及时防治病虫草害。

十二、多分蘖

多分蘖为玉米基部长出多个分枝的现象（图9-22）。如果遇到特殊情况，玉米的顶端优势受到了抑制，玉米基部的腋芽就会形成分蘖。玉米植株产生分蘖大多发生在出苗至拔节阶段。形成分蘖的原因主要是外界环境条件（如干旱、低温、营养过剩、威胁主茎的病虫害）的影响削弱了玉米植株的顶端优势。多分蘖与品种特性、

图9-22　多分蘖症状

苗期高温干旱、苗后除草剂产生的药害、使用矮化剂形成的药害等都有一定关系。一般要选育优良品种，加强水肥管理，做好病虫草害防治。多余的分蘖要及时去除。分蘖在生长时消耗大量养分，而且不能形成穗，反而降低主茎穗的产量，使病虫害加剧，造成贪青晚熟。因此，普通玉米的分蘖不但要去除，而且越早进行越好。

第十章
化学药剂毒害及应对措施

第一节　除草剂药害及应对措施

一、除草剂药害症状

1.酰胺类除草剂药害　乙草胺是一种广谱、高效的选择性芽前土壤处理除草剂，在作物播种后出苗前进行土壤表面喷雾处理。禾本科杂草由幼芽吸收，阔叶杂草由根和幼芽吸收，进入杂草体内的药剂能干扰核酸代谢和蛋白质合成，使幼芽、幼根停止生长，最终死亡。在土壤中持效期可达2个月。酰胺类除草剂能抑制杂草呼吸作用与光合作用，抑制蛋白质与RNA的生物合成，使杂草因不能制造生命所需的物质而死亡（图10-1）。该类除草剂只能防治禾本科杂草的幼芽，不能防治成株杂草。甲草胺、异丙甲草胺（都尔）、乙草胺的田间用量分别为每亩有效成分120～144g、72～144g和25～50g。用量过大时将引起玉米植株矮化，有的种子不能出土，生长受抑制，叶片变形，心叶卷曲不能伸展、有时呈鞭状，其余叶片皱缩，根茎节肿大。土壤黏重、冷湿地块易促使该药害形成。

图10-1　酰胺类除草剂药害

2.烟嘧磺隆药害　玉米3～5叶期喷施烟嘧磺隆后5～10d，玉米心叶褪绿、变黄，或叶片出现不规则的褪绿斑。有的叶片卷缩呈筒状，叶缘皱缩，心叶牛尾状，不能正常抽出。该药害导致玉米生长受到抑制，植株矮化，并且可能产生部分丛生、次生茎。药害轻的，玉米植株可恢复正常生长，药害重的，影响产量（图10-2）。

图10-2　烟嘧磺隆药害

3.2甲4氯钠盐药害　药害症状主要表现为叶片扭曲，心部叶片呈葱叶状卷曲，并呈现不正常的拉长，茎基部肿胀，气生根长不出来，非人工剥离雄穗不能抽出；叶色浓绿，严重时植株矮小，叶片变黄、干枯；果位上不能形成果穗，故常在植株下部节位上长出果穗；下部节间脆弱易断，根系不发达，根短量少，侧根生长不规则，对产量影响很大，甚至绝收（图10-3）。

图10-3　2甲4氯钠盐药害

4.三氮苯类除草剂药害　三氮苯类除草剂主要是通过影响杂草体内一系列生理生化过程，从而达到干扰（抑制）光合作用的目的，使杂草幼苗因不能进行光合作用、难以补充必需的有机营养而死亡。此类除草剂可有效防治田间的一年生禾本科杂草与阔叶杂草，在玉米田使用比较安全。主要应用品种有莠去津（图10-4）、氰草津等，田间用量分别为每亩67～100g和120～160g。但在土壤有机质含量偏低（低于2.0%）的沙质土壤使用或苗前施药后遇到大雨时，会造成

图10-4　莠去津除草剂药害

淋溶性药害。玉米苗后5叶期使用，在低温多雨条件下也会产生药害，表现为玉米叶片发黄。一般10～15d后叶色方可转绿，恢复正常生长。

5.其他药害图片识别　其他除草剂药害如图10-5至图10-11所示。

图10-5　氯嘧磺隆残留药害

图10-6　异噁唑草酮药害

图10-7　硝磺草酮药害

图10-8　苯嘧磺草胺飘移药害

图10-9　低剂量精噁唑禾草灵药害

图10-10　氰氟草酯药害

图10-11　氟磺胺草醚飘移药害

二、除草剂药害应对措施

玉米发生药害所能采取的补救措施主要是改善作物生育条件，促进作物生长，增强其抗逆能力，措施举例如下：①采取耕作措施，疏松土壤，增加地温和土壤透气性等。②根据作物的长势，补施一些速效的氮肥、磷肥、钾肥或其他微肥；叶面施肥效果较好，肥效快。③可喷施一些助长和助壮的植物生长调节剂，特别是促进根系生长的调节剂。但一定要根据作物的需求，不可随意施用，否则会适得其反。④如果地面有积水，要及早排除。⑤如果发生病虫害，应及早防治。总之，只要有利于作物生长发育的措施，都有利于缓解药害，减少损失。除草剂药害应对具体措施如下。

（1）对土壤处理型除草剂因使用剂量过大形成的药害，可采用中耕、连续灌水泡田排水（反复冲洗）的办法将残留药剂洗净排出，并可在浇水时施入一定量的石灰粉中和酸性除草剂，减少土壤中残留的除草剂含量。同时加强田间管理，增强玉米抗逆能力。

（2）加强田间管理，促苗早发快长。对发生药害的玉米田块应加强管理，结合浇水，增施腐熟人畜粪尿、碳酸氢铵、硝酸铵、尿素等肥料，促进根系发育和再生，恢复受害玉米的生理功能，促进作物健康生长，以减轻除草剂药害对农作物的危害。加强中耕松土，破除土壤板结，增强土壤的透气性，提高地温，促进有益微生物活动，加快土壤养分的分解，增强根系对养分和水分的吸收能力，使植株尽快恢复生长发育，降低药害造成的损失。同时，还可叶面喷洒1%～2%尿素或0.3%磷酸二氢钾溶液，以促进作物生长发育并尽快恢复生长。

（3）喷施植物生长调节剂或针对不同药剂的解毒剂。植物生长调节剂对玉米生长发育有很好的刺激作用，配合锌、铁、铝等微肥及叶面肥可促进作物生长，有效减轻药害。

（4）及时毁种补救。对药害较重的田块，应在查明药害原因的基础上，尽快采取针对性补救措施，严重药害尚无补救办法的，要抓紧时间改种、补种，以减少损失。

第二节　除草剂与杀虫剂混用问题

玉米除草剂和杀虫剂是否可以混用，主要看二者混用后是否产生药害。玉米常用的杀虫剂有菊酯类、烟碱类以及有机磷类等。玉米除草剂可以和菊酯类杀虫剂混合使用，比如高效氯氟氰菊酯和甲氨基阿维菌素苯甲酸盐、吡虫啉、啶虫脒、甲维·虱螨脲等，与这类杀虫剂混用并不会产生药害。但是玉米除草剂不能和有机磷类杀虫剂混合使用，包括辛硫磷、毒死蜱、乐果、敌敌畏等，在打除草剂的前一周和后一周都不能使用有机磷类杀虫剂，混用后容易产生药害。

药剂混用之前，一定要先了解其成分的理化性质、作用特点以及生物活性等，然后进行田间应用试验，最后才能大面积使用，绝不能滥混滥用。市场上相关的产品五花八门，很多农户往往不知道如何选择。如果误选错用，不仅会浪费大量人力、财力，还会给玉米生长造成不可逆转的损害，导致减产甚至绝收，因此，选择有生产许可、高效安全的除草剂与杀虫剂是防治玉米田杂草、害虫，实现增产、增收的关键。

一、混用药剂使用时期

玉米苗在3叶期前和6叶期后降解除草剂的能力弱，容易发生药害，而且3叶期前杂草尚未出齐，6叶期后杂草过大，除草剂施用效果差。因此，玉米田除草的最佳时间是玉米苗4～6叶期，此时大部分杂草都已经出齐，对除草剂的抗性弱，药剂能被杂草充分吸收，除草效果最好。这个时期同样也是玉米灰飞虱及蓟马危害的高峰期，草地贪夜蛾已在局部地区危害玉米苗，此时喷药，一定要混配防治灰飞虱及草地贪夜蛾的药剂。药剂一定要选择安全性好、水性化剂型的药剂。

二、混用药剂喷洒时间

选择在18：00以后，天气较为凉爽时作业比较好，药剂过夜吸收，药液在杂草上停留的时间长，同时杂草能充分吸收除草剂的成分，提高除草剂的使用效率。

三、混用药剂品种介绍

玉米苗后除草剂一定要混用针对性强的杀虫剂，主要防治甜菜夜蛾和黏虫，主要产品有甲氨基阿维菌素苯甲酸盐、阿维菌素、高效氯氰菊酯、联苯菊酯、虱螨脲、氯虫苯甲酰胺等杀虫剂。

四、混用药剂注意事项

（1）杀虫剂和除草剂一定要现用现混，配置好的药液不要放置过夜。

（2）在喷施苗后除草剂的前后7d不要喷施有机磷杀虫剂，更不能混合使用。玉米田苗后除草剂都是选择性很强的除草剂，被玉米吸收后能够被玉米体内的酶分解。如果田间存在有机磷农药（如毒死蜱、辛硫磷、敌敌畏、马拉硫磷等），玉米吸收后，会使除草剂（如烟嘧磺隆）在玉米体内的降解速度变慢，干扰玉米的正常代谢，影响玉米生长，产生严重的药害。

（3）防治玉米蓟马、灰飞虱的药剂一般为吡虫啉、啶虫脒、噻虫嗪、吡蚜酮、氟啶虫酰胺等药剂，但要注意不要喷玉米心叶，否则会导致药液灌心产生药害，建议与除草剂分开喷用。

（4）不要和其他没有经过试验的农药混用。

（5）不能与控旺药剂混合使用。玉米田除草剂主要用于杀灭玉米行间杂草。喷施到玉米苗上的除草剂，在玉米体内降解会使玉米苗生长受阻，控旺药剂（如胺鲜酯、乙烯利、多效唑等）一般是赤霉素合成抑制剂，二者混用抑制作物生长作用更显著，由于玉米苗较小，可能会造成玉米生长缓慢，茎秆过低，叶片变小，产量降低。

（6）不能与芸薹素内酯混合使用。芸薹素内酯是一种多功能植物生长调节剂，主要功能是协调植物体各种内源激素含量，达到调节生长的目的。在幼苗期使用，能促进生长素的合成，促进根系生长和叶片的光合作用，使幼苗更加健壮，提高幼苗的抗逆性。芸薹素内酯与除草剂混合使用能解除除草剂的功能，降低除草效果。

（7）不能与叶面肥混合使用。叶面肥能快速补充幼苗生长所需的营养物质，促进幼苗生长，但是由于叶面肥中含有钙、镁、锌等多种金属离子，成分比较复杂，很容易与除草剂发生反应，降低药效，使用不当还可能产生严重的药害。因此，在喷施除草剂时尽量不要与叶面肥混合使用。

除草剂最好单独使用。因为除草的目的就是杀草，要对着杂草和玉米行间进行喷雾，而杀虫剂主要针对玉米的茎秆或者茎基部喷雾，一旦混合使用，容易造成玉米植株药害，降低除草和抗虫药效。如果使用除草剂出现了药害，可以使用赤霉素＋芸薹素内酯＋吲哚乙酸喷雾进行缓解。

第三节　肥料危害及应对措施

在农业生产中，不能为追求高产而过度依赖化肥，不施有机肥。土壤有机质含量低会使土壤微生物活跃度下降，从而导致土地逐渐贫瘠、土地的免疫能力降低，继而无法很好抵御肥料和农药中有害物质的侵袭，产生玉米肥害。玉米肥害指因施用化肥过量或种类不当所导致玉米植株生理或形态失常。过量施入或使用不当往往会造成肥料浪费。肥害可抑制种子萌发或幼苗死亡，残存苗矮化，幼苗叶色变黄直至枯死；还会导致作物贪青、徒长、抗性降低、晚熟、发生病虫害、烧苗、萎蔫等，轻则减产减收，重则整株死亡，颗粒无收。

一、玉米发生肥害的原因

（1）种肥同播技术操作不当容易发生肥害，出现烧种、脱肥等现象。原因有多种，比如肥料过多、种子和肥料间距过小、操机手操作不熟练等。正常情况下，种子和肥料的间距以8～10cm为宜，如果小于8cm，肥害发生概率增加。种肥同播的地块，到了生长后期，容易出现脱肥现象，也就是说后续的肥效跟不上，玉米结粒少，或者秃尖现象增多，影响最终的产量。

（2）有毒、有害物质超标引起肥害。

①肥料中缩二脲含量超标。在尿素或以尿素为原料的复合肥生产过程中，若高温（超过133℃）持续时间过长，就会产生缩二脲。缩二脲含量过高会对种子发芽率产生影响，叶色褪绿变黄，影响其生长发育，甚至死亡。缩二脲含量超过2%时，施入土壤后会导致烧苗、烧根，造成肥害。叶面喷施的尿素中缩二脲含量不能超过0.5%，而种肥缩二脲含量不得超过1%。

②三氯乙醛中毒。由于磷肥生产过程中采用了受污染的硫酸而引入三氯乙醛和三氯乙酸，施用这种磷肥后会使作物生长紊乱，影响细胞的正常分裂而形成病态组织，进而影响作物生长发育。

③氯离子毒害。对氯敏感的作物若吸入的氯离子过多，则会影响其产量；施入含氯离子过多的肥料还会加速土壤酸化、板结，增加土壤中活性铝、活性铁的溶解度，加重对作物的毒害。

（3）氮含量过高引起的肥害。传统的复合肥中氮含量一般不超过15%，当复合肥中氮的含量超过20%时，要改变施肥方法，如施肥量相应减少或施肥点离作物根部稍远些等，否则易产生肥害，造成烧根、烂根。

（4）施用未腐熟有机肥。未经腐熟或腐熟不完全的有机肥一旦施入土壤，其在分解过程中就会产生大量有机酸和热量，造成烧根现象。

（5）玉米苗期降水多。土壤耕层含水量充足，肥料溶解快。但多年的旋耕使犁底层变硬、变浅，根系生长受限，局部土壤溶液一直处于高浓度状态使水分供应不足，幼苗生长缓慢，严重的可引起体内倒流，继而引发植株失水甚至逐渐死亡。同时，由于土壤犁底层坚硬，化肥溶解后向下渗透慢，在犁底层水平移动，使根系接触高浓度化肥溶液发生烧苗。

二、肥害救治措施

（1）避免种肥同播技术操作不当造成烧苗。在机械播种时要将种子与肥料间隔10cm左右，控制好施肥量。常见含尿素等的复合肥不宜作种肥，否则容易烧苗，可施用含磷肥、氮肥、钾肥等的复合肥。玉米苗期需肥量较少，种肥施用量不宜过大，可每亩施肥10kg左右，特别是趁墒播种时，要严格控制种肥的施用量。在施用种肥的地块，要采用足墒下种的办法，或播种后浇"蒙头水"以稀释种肥，在一定程度上减轻种肥大量施用所造成的烧苗现象。

（2）选用正规厂家生产的肥料，科学合理施肥。根据土壤质量、肥力状况选择适宜的肥料施入，每次施入量不宜过多，干旱时施肥应配合灌溉，施肥后需覆土。重基肥轻追肥，追肥施入量不宜过多，针对性补给，应与作物保持安全距离（10cm左右），避免烧苗。

（3）灌水泡田。多数情况下灌水泡田可迅速减轻肥害。

（4）喷施叶面肥时严格把控肥液浓度，避免在强风和高温天气下施用，防止肥液快速挥发灼伤叶片。施用碳酸氢铵等易挥发的肥料应避开高温天气，避免洒施，注意通风透气，防止挥发的氨气灼伤叶片。施用肥料前认真阅读说明书或询问肥料销售人员，安全施肥。

（5）增施有机肥和微生物菌剂，改善土壤肥力状况。要选用充分腐熟、符合国家标准的有机肥，有利于改善土壤酸化、盐渍化问题，增加土壤团粒结构，营造良好的植物生长环境，从而提高玉米品质。可选用缓控释肥，使肥料释放养分的时间与作物需要养分的时间相吻合。

（6）有毒有害物质超标引发的肥害补救措施。施用缩二脲超标造成肥害时应及早救治，可拌入硼肥、钼肥、镁肥等及喷施浓度较低的磷酸二氢钾等叶面肥。同时，浇水淋洗也可减轻玉米受害程度。要选用技术指标合格、配方合理的肥料，避免因肥料不合格引起玉米三氯乙醛、氯离子、缩二脲等中毒。

（7）大量元素过剩引发的肥害补救措施。若氮素过量，可喷施适量植物生长调节剂（如甲哌鎓、多效唑等）缓解；若磷素过量，可增施氮肥、钾肥、锌肥及其他微肥，以调整元素间的合理比例。

第十一章
植物生长调节剂应用及注意事项

植物生长调节剂是人们在了解天然植物激素的结构和作用机制后，人工合成的与植物激素具有类似生理和生物学效应的物质。在农业生产上使用植物生长调节剂，可有效调节作物的生育过程，达到稳产增产、改善品质、增强作物抗逆性等目的。根据在农业生产中所发挥的作用把植物生长调节剂分为植物生长促进剂、植物生长延缓剂、植物生长抑制剂、保鲜剂、其他制剂等5类。

第一节 植物生长促进剂

凡具有促进植物细胞分裂、分化、延长植物生长作用的化合物都属于植物生长促进剂，它们能促进植物营养器官的生长和生殖器官的发育，是种类最多、应用最广的植物生长调节剂。

1.**赤霉酸** 又名九二〇，商品名有奇宝、瑞雪宝、金哥等。剂型包括粉剂、可溶片剂、乳油、膏剂等。低毒，对人、畜、蜜蜂安全。

农业生产中用到的产品制剂多为85%赤霉酸结晶粉、4%赤霉酸乳油、20%赤霉酸可溶片剂、40%赤霉酸可溶粉剂。赤霉酸是一种广谱性植物生长调节剂，也是多效唑、矮壮素等抑制剂的拮抗剂。目前，已从高等植物和微生物中分离出70多种赤霉素（GA），活性较高的有GA3、GA4、GA7等。其中GA3能显著促进植物茎叶生长，特别是对遗传型和生理型的矮生植物有明显的促进作用。赤霉酸能促进种子发芽；可使长日照植物在短日照条件下开花，缩短生长周期；诱导开花和单性结实，促进果实生长。

注意事项：①85%或75%赤霉酸结晶粉剂水溶性低，用前先用少量酒精溶解，再加水稀释至所需浓度。②赤霉酸在干燥状态下不易分解，药剂应贮存于干燥处；其水溶液在5℃以上时，易被破坏失效；遇碱易分解，不能与碱性农药或肥料混用；尽量现用现配。③与叶面肥配用更利于形成壮苗。单用或用量过大会产生植株细长、瘦弱及抑制生根等副作用。

2.**对氯苯氧乙酸** 又名防落素，商品名为番茄灵。剂型有原药、可溶粉剂。对人、畜低毒。

作为一种内吸性植物生长调节剂，可经根、茎、叶、花、果实吸收，生物活性持续时间长，具有阻止离层形成、促进坐果、诱导单性结实等功能。

注意事项：①施药浓度与气温有关，气温低兑水量要减少，气温高增加兑水量。②本品对苗木嫩梢、幼叶敏感，喷洒时要严格控制浓度，不可重复喷洒。选择晴天早晚喷洒，以免产生药害，若发生药害要加强肥水供应。③对氯苯氧乙酸与0.1%磷酸二氢钾混用具有增效作用。

3. 2,4-滴　商品名有秋实等。剂型包括乳油和水剂等，毒性较低。

常见的有70% 2,4-滴二甲胺盐水剂、87.5% 2,4-滴异辛酯乳油等。2,4-滴随使用浓度和用量的不同，对植物产生的效应不同：在较低浓度（0.5～1.0mL/L）下是植物组织培养的培养基成分之一；在中等浓度（1～25 mL/L）下可促进细胞伸长、根系发育、种子发芽，维持顶端优势，还可防止落花落果，诱导无籽果实和果实保鲜等；更高浓度（1 000mL/L）下对双子叶植物有选择性灭杀作用，或使植株生长受阻，可作为除草剂杀死多种阔叶杂草，但更高浓度也可使植物畸形发育致死。因此，在施用时一定要注意用量。

注意事项：①做为除草剂时，第一次使用尽量小面积试验。②用于促进生根时，与吲哚丁酸混用可提高效果。

4.吲哚丁酸　商品名有根旺、根多壮等。剂型多为粉剂。对人、畜无毒，在土壤中易降解。

在生产上被广泛用作生根剂。在草本和木本植物浸根移栽时使用，能加速插条生根，诱导不定根形成，提高移栽成活率；也可用于浸种和拌种，提高种子的发芽率和成活率。使用时多采用蘸和浸泡的方法，常与萘乙酸混配后使用。

注意事项：①处理插条时，勿接触叶片和心叶。②吲哚丁酸见光易分解，应保存在黑色包装物中，且不宜久放。

5.萘乙酸　商品名有果农丰、好喜等。常见的制剂为80%萘乙酸原药、4.2%萘乙酸水剂等，对人、畜低毒，对蜜蜂无毒。

萘乙酸是类生长素物质，是一种广谱性植物生长调节剂。对植物的主要作用是促进细胞分裂和增大，诱导形成不定根，提高移栽成活率。提高坐果率，防止落果，改变雌雄花比例，并促进植物的新陈代谢和光合作用，加速植物生长发育及抗性增强等。不怕光热，被植物吸收后不易被降解，药性温和。促生的根系粗而直，但量少，与吲哚丁酸配合使用效果更好。低浓度抑制离层形成，高浓度促进离层形成。

注意事项：①萘乙酸原药难溶于冷水，可先用少量酒精溶解，再加水稀释。②在插枝生根上效果好，但较高浓度单独使用时有抑制地上枝条生长的副作用。

6.乙烯利　又名一试灵、乙烯磷，商品名有熟美丰、棉桃笑、产旺等。

剂型包括水剂和可溶粉剂。对人、畜低毒。

乙烯利本身没有生理活性，进入植物体内可在细胞液作用下释放乙烯。乙烯能够促进果实成熟，促进叶片衰老和脱落，促进种子发芽和植株开花，促进根和苗的生长；减轻顶端优势，增加有效分蘖；适当矮化植株，防止倒伏。施用不当会使叶片、果实脱落，矮化植株，改变雌雄花比例，诱导某些作物雄性不育。

注意事项：①乙烯利在pH<3.5的溶液中稳定，当pH在4.5以上时将分解释放乙烯，pH越高释放越快，因此其不能与碱性农药或肥料混用。②乙烯利原液是强酸性液体，对皮肤黏膜、眼睛有刺激和腐蚀作用，遇碱会产生易燃易爆气体，应小心使用。

7.三十烷醇   又名蜂花醇、蜡醇。剂型有微乳剂、悬浮剂、可溶液剂等，毒性较低。

三十烷醇是一种广谱性植物生长调节剂，高浓度有抑制作用，低浓度有促进作用。三十烷醇可促进种子发芽、生根，增强旱地作物抗寒性；提高叶绿素含量，增强光合作用强度，培育健壮植株；促进扦插生根。用1～5mg/kg三十烷醇药液浸泡插条8～12h，可显著促进生根，提高扦插成活率。

注意事项：①尽量选择晴天下午使用，适宜温度20～25℃，超过30℃或低于10℃时不使用。喷后6h内遇雨，减半补喷1次。②严格控制药量，避免发生药害。③市面出售的三十烷醇可能有沉淀或结晶，要摇匀或用热水加温至完全溶解再用，以免局部浓度过高产生药害。

8.苄氨基嘌呤   商品名有旺盛、农实多等。有可溶液剂、水剂、悬浮剂等剂型，毒性较低。

苄氨基嘌呤可被植物的茎、叶、果实、芽、花吸收，促进细胞分裂、增大；打破顶端优势，促进侧芽萌发。

注意事项：当用于保花保果、提高单果重时，与赤霉酸配合有增效作用。

9.复硝酚钠   商品名有爱多收、必丰收、丰收佳等。多为水剂和可溶粉剂，对人、畜低毒。

常见的复硝酚钠有0.7%水剂、1.4%水剂、1.8%水剂、1.4%复硝酚钠可溶粉剂等。复硝酚钠与植物接触后能迅速渗透到植物体内，促进细胞的原生质流动，提高细胞活力。用其处理种子可提高发芽率，加快生根速度，促进生长发育，防止落花落果，改善产品品质，提高产量。幼苗处理可缩短移栽缓苗期，提高移栽成活率。同时还可提高作物的抗病、抗虫、抗旱、抗涝、抗寒、抗盐碱、抗倒伏等抗逆能力，广泛适用于粮食作物、经济作物。由于复硝酚钠具有高效、低毒、无残留、适用作物范围广、无副作用、使用浓度范围宽等优点，并且其使用时间不受限制，已在多个国家和地区推广应用。

注意事项：①严格控制用量，不宜使用高浓度。②与杀菌剂、肥料混用具有增效作用。③其碱性较强，与酸性农药或肥料混用前要先小规模试验。

10. 胺鲜酯　商品名有高收、植物龙等。剂型包括可溶粉剂、水剂等，对人、畜低毒。

胺鲜酯是具有广谱和突破性效果的高能植物生长调节剂。它能提高植物过氧化物酶和硝酸还原酶的活性，应用在生产上可提高叶绿素的含量，加快光合速率，提高植物碳、氮的代谢，促进植物细胞的分裂和伸长，促进根系的发育，增强植株对水、肥的吸收，调节植物体内水分平衡，从而提高植株抗旱、抗寒性。

注意事项：①遇碱易分解，不能与碱性农药、化肥混用。②不要在高温烈日下喷洒，16：00后喷药效果较好。喷后6h若遇雨应减半补喷。使用不宜过频，间隔至少7d。

11. 芸薹素内酯　又名油菜素内酯、油菜素甾醇、农乐利、天丰素、益丰素、BR-120等。剂型包括可溶粉剂、水剂等。

常见的制剂有0.01%芸薹素内酯水剂、0.15%芸薹素内酯乳油等。芸薹素内酯是一种新型植物内源激素，渗透性强、内吸快，是公认的高效、广谱、无毒植物生长调节剂。芸薹素内酯的主要作用是促进细胞分裂和伸长生长；有利于花粉受精，提高坐果率；提高叶绿素含量，增强光合作用；提升植物的抗逆能力。另外，其可与多种杀菌剂、化肥、其他植物生长调节剂混配应用，具有显著的协同效应和加成效应，在大多数情况下，能提高化肥的肥效和杀菌剂功效，降低农药药害。与各种植物生长调节剂或叶面肥的混配制剂在改进农作物品质、抗逆减灾方面具有极其广阔的开发前景和市场潜力。

12. 吲哚乙酸（IAA）　又名生长素、异生长素等。

农业生产中用到的该产品制剂多为粉剂、可湿性粉剂，由人工合成产品加辅料制成。它影响细胞分裂、细胞伸长和细胞分化，也影响营养器官的生长、成熟和衰老。人工合成的IAA可由茎、叶和根系吸收，由于施用浓度不同，既可起促进作用，也可起抑制作用。由于吲哚乙酸见光易分解（在植物内易被吲哚乙酸氧化酶分解）、价格较贵等原因，在生产上应用受到限制，主要用于组织培养中诱导愈伤组织和根的形成。

13. 氯吡脲　又名施特优、膨果龙、氯吡苯脲等。氯吡脲是一种高活性的化合物，具有细胞分裂素活性，可促进细胞分裂和分化，促进蛋白质合成，增强光合作用等。施用在瓜果植物上，可促进花芽分化，保花保果，提高坐果率，促进果实膨大，但使用浓度过高可引起果实空心、畸形等。

注意事项：①严格按照施药时期、方法和浓度使用。②可跟赤霉酸及其他农药混用。③易挥发、易燃，应密封贮存于阴凉、干燥、通风处。

14. 糠氨基嘌呤　又名KT、动力精、激动素。

糠氨基嘌呤是第一个被发现具有细胞分裂素作用的物质，并首次从脱氧核糖核酸降解产物中提出。在组织培养的情况下，糠氨基嘌呤浓度低的地方可促进根的分化，在浓度高的地方则有叶、芽的分化，其中间浓度可显著地促进细胞质分裂而形成愈伤组织。糠氨基嘌呤具有抑制衰老的作用，特别是对分离的成熟叶片，糠氨基嘌呤处理后，可抑制细胞叶绿素、蛋白质、核酸等的生成，也能推迟细胞结构的破坏。可用于果蔬保鲜。

注意事项：①注意不同浓度的使用。②易挥发，用后盖好瓶盖。③可与其他促进型激素混用。

第二节　植物生长延缓剂

植物生长延缓剂可以抑制植物亚顶端分生组织的生长，使细胞伸长变慢，导致植物节间缩短，诱导矮化，促进开花，但是，其对叶子大小、叶片数量、节的数目和顶端优势影响较小。

1.矮壮素　又名三西、氯化氯代胆碱，商品名有矮多丰、矮旺等。剂型主要有水剂和可溶粉剂，对人、畜低毒，对蜜蜂无害。

矮壮素对植物主要起抑制细胞伸长的作用，但不抑制细胞分裂，不影响器官的形成，能使植株矮壮，茎秆增粗，叶色加深，进入植物体内可抑制赤霉素的生物合成，是赤霉酸的拮抗剂。使用矮壮素时要求土壤水肥条件好，肥力差、作物长势不旺时不宜使用。作物在使用矮壮素后叶色呈深绿，不可据此判断为肥水充足的表现，而应加强肥水管理，防止脱肥。

注意事项：①在高温条件下矮壮素活性会降低，应适当提高浓度或用药次数。有徒长趋势的苗木使用效果较好，长势较弱的植株不宜使用。②矮壮素易溶于水，吸湿性强，遇碱分解，不能与碱性农药、肥料混用。③矮壮素易被土壤微生物分解，土施或浇灌的方式使其在土壤中只能发挥一半的活性，施用效果不好。④叶面喷施易引起叶片尖端出现暂时性黄色斑点。可通过降低浓度或重复使用来解决该问题。

2.甲哌鎓　又名助壮素、调节啶、甲呱啶、缩节胺等，商品名有矮丰旺、稳丰等。剂型包括可溶粉剂、水剂、可溶液剂等。

甲哌鎓是新型植物生长调节剂，应用在植物体内易于传导，可抑制赤霉素的形成，从而抑制植物细胞伸长生长，减弱顶端优势。可用于多种作物，能促进植物提前开花、防止脱落，能增强叶绿素合成，抑制主茎和果枝伸长，增加产量。根据用量和植物不同生长期喷洒，可调节植物生长，使植株坚实抗倒伏，改进色泽，增加产量。在玉米种植过程中，合理使用甲哌鎓可以起到控制玉米株高、增粗茎秆、防止倒伏等作用。玉米在3 ~ 10叶期都可以喷施甲哌鎓，在玉米的6 ~ 9叶期使用效果较好。

注意事项：①严格控制用药时间和剂量，使用偏早或用量过重，会影响植物正常生长甚至发生药害。若发生抑制过度现象，可根据发生严重程度用100～500mg/kg赤霉酸药液喷施，以减轻或解除药害。②甲哌鎓易溶于水，遇潮湿易分解，应现用现配，配好的药液不可久放。未开封的成品应贮存于干燥、阴凉、通风处。

3. 多效唑　又名氯丁唑，商品名有花歌、速壮、硕宝等。剂型包括乳油、可湿性粉剂等，对人、畜、鱼、鸟等低毒。

常见的剂型有95%多效唑原药、10%多效唑可湿性粉剂、15%多效唑可湿性粉剂。可通过根、茎、叶进入植物体内，以嫩梢和梢尖吸收快。多效唑具有延缓植物生长、抑制茎秆伸长、缩短节间、促进植物分蘖、增强植物抗逆性、减少倒伏、提高产量等功效。多效唑对白腐病、立枯病、纹枯病等病害的病原真菌有抑菌、杀菌活性。多效唑在土壤中残留时间较长，施药田块收获后，必须经过耕翻，以防对下茬作物产生抑制作用。一般情况下，使用多效唑不易产生药害，若用量过高，抑制过度时，可增施氮肥或赤霉酸。

注意事项：①矮化效果明显强于矮壮素，施用1～2次即有明显作用，但施用过量会导致植株停长。②施用后植株叶色明显变深，易造成肥水充足假象，因此施用后必须加强肥水管理，追加氮肥和钾肥，防止枝叶早衰。植株生长不良不宜使用。③在高温高湿情况下可适当增加用药浓度或次数。

4. 烯效唑　又名特效唑、S-3307D、S-327、XE-1019、XE-1019等。剂型包括悬浮剂、可湿性粉剂等，对人、畜低毒。

常见的剂型有5%烯效唑可湿性粉剂、10%烯效唑悬浮剂。烯效唑属广谱性高效植物生长抑制剂，能够促进植物的矮化体壮，并且有一定的杀菌和除草作用。主要通过叶、茎组织和根部吸收，抑制赤霉素的生物合成。用于土壤或叶面处理，对单子叶植物和双子叶植物均有很强的抑制活性。烯效唑具有控制营养生长，抑制细胞伸长、缩短节间、矮化植株，促进侧芽生长和花芽形成，打破顶端优势，防止衰老的作用。生物活性是多效唑的2～6倍，但其在土壤中的残留量仅为多效唑的1/10。

注意事项：①作物播种量要适宜，播种过密过稀都会影响其控长促蘖效果。②肥水管理要及时，必须保证足够的养分，才能培育矮壮苗。③严格掌握使用量和使用时期。

5. 丁酰肼　又名B9、B995、比久、SADH、阿拉等。剂型包括可溶粉剂、原药等。

常见的有92%丁酰肼可溶粉剂、50%丁酰肼可溶粉剂等。丁酰肼是植物生长延缓剂，能抑制植物徒长，使植株矮化粗壮，增加抗病、抗旱、抗寒能力，防止落花，促进结实，提高品质，增加产量。药剂进入植物体内后，既可以抑制内源赤霉素的生物合成，也可以抑制内源生长素的合成。其主要作用是抑制新枝徒长，缩短节间长度，增加叶片厚度及叶绿素含量，诱导不定根形成，刺激根系生长，提高抗寒能力，促进坐果。

注意事项：丁酰肼对人类有毒，是国际上公认的致癌物质，禁止在食品作物（如花生）上使用。

第三节　植物生长抑制剂

植物生长抑制剂主要是抑制生长素的合成，可抑制茎顶端分生组织细胞的核酸和蛋白质的生物合成，使细胞分裂变慢，植株矮小，同时，也抑制顶端分生组织细胞的伸长和分化，影响当时生长和分化的侧枝、叶片和生殖器官。因此，植物生长抑制剂在破坏顶端优势后，侧枝数量增加，叶片变小，生殖器官的发育也受到影响，完全抑制新梢顶端生长，具有永久性抑制作用，不能被植物生长促进剂逆转。一般分为天然抑制剂和人工合成抑制剂2类。天然抑制剂有脱落酸、水杨酸、茉莉酸等；人工合成抑制剂有三碘苯甲酸、抑芽丹、整形素等。

1.三碘苯甲酸　三碘苯甲酸是一种抗生长素类调节物质，能阻碍生长素和赤霉素在韧皮部的运输。其结构与生长素相近，可与生长素竞争作用位点，使生长素不能与受体结合，为生长素的竞争性抑制剂。其具有抑制枝条生长，影响开张角度，促进花芽形成，增加分枝，矮化树体，减少采前落果，促进成熟的作用。

2.抑芽丹　又称青鲜素、马来酰肼。因其结构与脲嘧啶非常相似，进入植物体后向旺盛部位集中，代替脲嘧啶的位置，阻止RNA合成，可抑制顶端分生组织细胞分裂和破坏顶端优势。常用于抑制马铃薯、蒜、洋葱等贮藏期间的发芽。

3.整形素　主要通过抑制生长素和赤霉素的合成，抑制生长素的极性传导和侧向运输，抑制细胞分裂和伸长，从而使植株矮化。

第四节　保　鲜　剂

植物保鲜剂的作用主要是抑制植物呼吸，降低酶的活性，控制潜伏性病害的扩展、致腐细菌的生长繁殖及有毒物质的积累，保持品质新鲜。它主要从生理和病理方面保持果蔬、花卉的新鲜度，延长贮藏时间。根据用法和药剂的性质可分为6类：洗果剂、浸果剂、熏蒸剂、涂覆剂、中草药煎剂、吸附剂。按其作用可分为乙烯脱除剂、防腐保鲜剂、涂被保鲜剂、气体发生剂、气体调节剂、生理活性调节剂、湿度调节剂等。

1.噻菌灵　又名特克多、涕必灵、硫苯唑等。主要剂型是42%悬浮剂、45%悬浮剂、40%可湿性粉剂等。

噻菌灵是一种高效、广谱、长效内吸性杀菌剂，具有保护和治疗作用，可抑制病菌的呼吸作用和细胞增殖，对子囊菌、担子菌、半知菌引起的病害有较好的防治效果。用于防治多种作物真菌引起的病害，以及果蔬防腐保鲜。

注意事项：①浸果后的多余药液，应妥善处理，不能污染池塘和水源。②不能在收获后的烟草上使用；不能与含铜药剂混用。

2.异菌脲　又名扑海因、异菌脒、咪唑霉、异丙定、桑迪恩等。常见的剂型为50%可湿性粉剂、25%悬浮剂，属高效低毒杀菌剂。

异菌脲是一种常见的广谱保护性杀菌剂，对葡萄孢属、链孢霉属、核盘菌属、小菌核属等有较好防治效果；对链格孢属、蠕孢霉属、丝核菌属、镰刀菌属、伏草属等也有一定防治效果。它还是一种广谱触杀型杀菌剂，可抑制真菌孢子的萌发及菌丝生长。可以防治对多菌灵、噻菌灵等有抗性的致病菌菌种。

注意事项：①不宜长期、连续多次使用，以免产生抗药性。②不能与强碱性和强酸性农药混用，以免分解失效。

3.抑霉唑　又名戴唑霉、万利得、烯菌灵等。常见的剂型有22.2%乳油、50%乳油，对人畜低毒。

抑霉唑是一种内吸性广谱杀菌剂。其作用是干扰病原菌细胞膜的渗透性、酯类合成及代谢等，对长孺孢属、镰孢属和壳针孢属等引发的真菌性病害防治效果较好。用于防治水果、蔬菜、谷类作物上的真菌性病害，喷施或浸渍柑橘、香蕉和其他水果能防止收获后的水果腐烂。

注意事项：①使用时注意安全，防止药液接触皮肤和眼睛，如药液接触皮肤和眼睛，应立即用大量水清洁冲洗，并送医院治疗，如误服中毒应对症治疗，无特效解毒剂。②本剂和多菌灵、噻菌灵、萎锈灵、甲基硫菌灵等农药混用，可提高贮藏期病害防治效果。

4.多菌灵　又名苯并咪唑44号、棉萎灵、棉萎丹、保卫田等。常见剂型是50%可湿性粉剂、25%可湿性粉剂。

多菌灵是目前应用最为广泛、最为常见的杀菌剂，也常用于果蔬的保鲜。多菌灵属苯并咪唑类杀菌剂，是一种内吸广谱性杀菌剂，对子囊菌和半知菌所致的多种病害有效，对卵菌和细菌所致的病害无效。其作用机理主要是干扰菌体在有丝分裂中纺锤体的形成，从而影响细胞分裂。广泛用于果蔬、花卉及大田作物病害的防治，对白粉病、茎腐病、黑斑病、炭疽病等多种真菌感染的病害有很好的防治效果。

注意事项：①不宜与铜制剂药物混用。②该药剂与甲基硫菌灵存在交互抗性，使用时要注意。③安全间隔期为15d。

5.甲基硫菌灵 又名甲基托布津。常见剂型是50%、70%可湿性粉剂，10%、36%、50%悬浮剂。

甲基硫菌灵是一种广谱性内吸低毒杀菌剂，具有内吸、预防和治疗作用。具有向顶性传导功能。对叶螨和病原线虫有抑制作用。常用于香蕉、柑橘、甜瓜、苹果、甘薯等的防腐贮存，还可用来防治作物上的菌核病、灰霉病、炭疽病、白粉病等多种真菌性病害。

注意事项：①不宜与铜制剂或碱性药物混用。②本品与多菌灵存在交互抗性，使用时要注意与其他药剂轮用。③安全间隔期为15d。

第五节 其他制剂

1.抗旱化学制剂 抗旱化学制剂是利用化学手段生产的用于抑制土壤水分蒸发，促进作物根系吸水或降低蒸腾强度的化学物质。目前用于研究和生产的抗旱化学制剂主要包括化学覆盖剂、保水剂和抗蒸腾剂3种。施用抗旱化学制剂可以提高土壤保水能力，减少作物蒸腾损失。目前，我国在实际生产中较少应用抗旱化学制剂，使用的范围也较小，对新型保水剂和抗蒸腾剂的开发也相对较少。

保水剂使用的是强吸水树脂，能在短时间内吸收其自身重量几百倍至上千倍的水分。将保水剂用于种子涂层、幼苗蘸根，或沟施、穴施，或地面喷洒施于土壤中，如同给种子和作物根部修了一个小水库，使其吸收土壤和空气中的水分，将雨水保存在土壤中，在干旱时缓慢释放出保存的水，供种子萌发和作物生长需要。

目前应用较广泛的抗蒸腾剂主要是黄腐酸（FA），是从风化煤中提取出的物质。叶面喷洒黄腐酸能有效控制气孔的开张度，减少叶面蒸腾，有效抵御季节性干旱和干热风的危害。喷洒1次可持效10～15d。除叶面喷洒外，黄腐酸还可用作拌种、浸种、灌根和蘸根等，可提高种子发芽率，促进出苗整齐、根系发达，也可缩短移栽作物的缓苗期，提高成活率。

2.杀雄剂 杀雄剂主要用于农业杂交育种，是用来去掉母本雄蕊的药剂。生产实践中多采用雄性不育进行杂交育种。但是，具有雄性不育的品种资源不多，限制了杂交育种的范围。此外，利用人工去雄的方法十分麻烦，并且可靠性较差。杀雄剂的诞生则为杂交育种找到了一条有效途径，为育种工作者所重视。其作用的原理主要是阻滞植物花粉发育；抑制植物穗的伸长和开颖；阻止花粉细胞的减数分裂或诱导自花不亲和，从而使花粉失去受精能力达到杀雄目的。

第十二章
玉米病虫草害绿色防控技术

绿色防控技术就是按照"绿色植保"理念，采用农业防治、物理防治、生物防治、生态调控以及科学、合理、安全使用农药的技术，有效控制农作物病虫草害，确保农作物生产安全、农产品质量安全和农业生态环境安全，并促进农业增产、增收。绿色防控技术以整个农田生态系统为出发点，以农业防治为基础，保护和利用病虫草害的自然天敌，破坏病虫草害的生存条件，并在必要时恰当利用化学药品，进而极大降低病虫草害造成的损失。

第一节　农业防控技术

通过调整和改善作物的生长环境，增强作物对病害、虫害、草害的抵抗力，创造不利于病原、害虫和杂草生长发育或传播的条件，以控制、避免或减轻病虫草害。主要措施有种植抗病虫优良品种、种子处理、清理耕地、精耕细作、轮作倒茬、科学播种、合理密植、加强田间管理等。农业防治同物理防治、化学防治配合进行，效果更佳。

一、种植抗病虫玉米优良品种

种植抗病虫品种是最根本、最经济、最有效的防治措施，是玉米病虫害防控首选的技术。根据当地的生产条件、区域特点及玉米病虫害发生情况，因地制宜地选用抗病虫能力强、品质好和产量高的玉米品种。利用抗病虫品种防控病虫害时，要根据防控的主要对象选择品种，同时要选择好的配套栽培技术，合理布局品种并定期轮换。

二、玉米种子处理

玉米种子处理包括种子的精选和种子的晾晒。

种子的精选：对种子进行挑选。剔除种子里面的小粒、秕粒、破粒、坏粒、虫粒等，使种子大小均匀一致，籽粒饱满、健壮。经过挑选的种子播种后出苗率高、出苗快、苗匀、苗齐、苗壮。使田间后期群体均匀一致，无断垄和大小苗现象，是保证稳产、高产的关键。

种子的晾晒：晾晒能够促进未成熟种子的后熟，提高发芽率，出苗快、齐、匀、壮。阳光中有紫外线，能够杀死种子表面的病原菌，防止种子传播病害。选择天气晴朗的日子，播种前1周晒种子2～3d，温度不超过30℃。种子不要在水泥场上晾晒，因为水泥场上温度过高容易烫伤种子，播种后易产生畸形苗，严重时种子会失活。

三、其他农业防控措施

其他农业防控措施主要有土壤保护性耕作模式、清理耕地、清理杂草、精细整地、轮作倒茬、科学播种、合理密植及加强田间管理等。

土壤保护性耕作模式是对农田免耕、少耕，尽可能减少土壤耕作，并用作物秸秆、残茬覆盖地表，用化学药物控制杂草和病虫害，从而减少土壤风蚀、水蚀，提高土壤肥力和抗旱力。使用该措施应及时清理周边杂草，合理化控防治。秸秆粉碎还田可有效防治玉米螟，减少越冬的虫源数量。

清理耕地是指在上一季作物收获后，及时将田内的植株残体、田间及周围杂草清理出田间并集中处理，可采用秸秆粉碎、沤肥、氨化、集中烧毁、深埋、深翻灭茬等措施，达到销毁越冬虫、卵、蛹，销毁病菌越冬场所和减少初侵染菌源的目的。

清理杂草，实施人工除草或玉米田化学除草，做好玉米田杂草的防除工作。杂草不但会影响玉米苗期的正常生长和发育，还能携带一定的病虫害。发现玉米田长有杂草要及时清除，可有效改善玉米通风透光条件，铲除病虫栖息地场所和寄主植物，以有效避免病虫害发生，为玉米提供良好的生长环境。

精细整地是指深翻多耙，施用充分腐熟的厩肥、饼肥，可减轻多种地下害虫的危害。采取深翻整地的方法可以减少越冬虫基数。深翻可以将埋在地下准备越冬的幼虫、卵、蛹翻到地面，被天敌采食或冻死而减少害虫基数，同时将带菌病残体深翻到深层进行掩埋，减轻害虫及病原菌危害。秋后深翻结合冬灌或深耕灭茬能有效地减少病虫害。

轮作倒茬是防治土传病害的有效方法。连年种植同类作物可增加病虫害的抗性，对于玉米茎腐病、根腐病、纹枯病、瘤黑粉病等土传病虫害发生严重的地块，可采取轮作倒茬，种植大豆、花生、蔬菜、棉花等作物。对种植面积较大的玉米田块来说，与其他作物轮作是比较困难的，但可以采取感病品种与抗病品种轮作的方法，可以有效减少玉米茎腐病、丝黑穗病及瘤黑粉病的发生；还可采取高秆与中低秆玉米间作，改善田间通风透光条件，减少病害发生。

科学播种可根据当地墒情状况适量播种，掌握播种深度，选用合适的播种机械，推广规模化、标准化机械栽培技术，做到不重播、不漏播、下种均匀、深浅一致、覆土严密，防止土壤过松或播种过深，以确保玉米出苗早、苗匀苗壮，实现一播全苗。播种时还应考虑到温度及品种特性等因素，选择合适的时间进行播种。玉米适当晚播可以减少玉米丝黑穗病和茎腐病的发生，早播可以减轻叶斑病（大斑病、小斑病等，灰斑病除外）危害。

合理密植是实现玉米高产、优质、高效的中心环节。合理密植的原则是根据品种抗病虫特性、地力和施肥条件、播期和气候条件、常年病虫害发生数量和规律而定。一般来说，种植密度越大越有利于病害的发生。不同品种适应的密度不同，都应该按最佳密度种植，为玉米的生长提供最佳生态环境，提高其抗性，减少病虫害的发生。

加强田间管理是指玉米播种后到收获期间进行的整个栽培管理措施，包括苗期的间苗定苗、中耕除草、去分蘖、授粉、灌溉、排水、施肥、打药等技术措施。根据玉米病虫害发生发展规律，采取科学合理的田间管理措施，如采用配方施肥技术，施足基肥，增施腐熟的有机肥，合理施用氮肥，增施磷肥、钾肥，避免偏施氮肥，提高植株抗病能力，氮肥过多有利于茎腐病的发生。防治玉米叶斑病可在玉米生长中后期适当追肥，以防止后期脱肥。加强水分管理应选择排灌方便的地块，能够开沟排水，降低地下水位，做到雨停无积水，大雨过后及时清理沟渠，防止病残体滞留；也可采用高畦栽培，严禁大水漫灌，中耕培土，促进玉米健壮生长，增强抗病能力。高温干旱时应及时灌水，提高田间湿度，以减轻蚜虫、灰飞虱的危害。还可田间及时去除病叶、病株和摘除下部老叶，降低土壤湿度，改善通风透光条件，清除田间内外病残体，集中烧毁；人工直接摘除玉米植株上的虫卵、虫源等。

第二节　理化诱控技术

理化诱控技术是指利用害虫的趋光性、趋化性，通过布设色板、灯光、昆虫信息素、气味剂、食饵等诱集并消灭害虫的控害技术。重点推广杀虫灯诱控、诱虫板诱控、昆虫信息素诱控、食饵诱杀等防治玉米害虫。在害虫发生量较少时，理化诱控技术可以起到较好的控虫控害作用，但当害虫发生量较多时，理化诱控技术只能降低田间虫口基数，控虫控害效果有限，需要配合其他措施控制害虫。

一、杀虫灯诱控

主要利用害虫的趋光特性诱集成虫。通过高频电子灯光诱集、高压电网将害虫击晕后落入接虫袋，然后用人工、生物或化学药剂等措施将其彻底消灭,从而达到防治害虫的目的。一般在玉米虫害发生的始盛期开始防治,在玉米田间设置频振式杀虫灯、黑光灯,调到害虫敏感的特定光谱下,诱集成虫并有效杀灭害虫,降低害虫的数量,从而有效地减少和降低害虫对玉米造成的危害。大幅减少化学杀虫剂的使用。可利用杀虫灯诱杀金龟子、毒蛾、二点委夜蛾、斜纹夜蛾、玉米螟、棉铃虫、黏虫、甜菜夜蛾等多种害虫。

二、诱虫板诱控

诱虫板诱控主要是基于害虫对颜色的敏感度,通过色板上的黏胶对害虫进行防控,减少田间虫口基数和落卵量而减轻害虫危害。应用最广泛的是黄板和蓝板及信息素板。黄板一般可诱杀烟粉虱、白粉虱、潜叶蝇、蚜虫、小绿叶蝉等害虫,蓝板一般可诱杀各种蝇和蓟马等害虫。诱虫板黏性强,杀虫效率高且可重复利用。

三、昆虫信息素诱控

昆虫信息素是昆虫个体向体外释放的一种能在昆虫间传递信息、引起其他个体发生行为反应的微量化学物质。昆虫信息素包括种内信息素和种间信息素。种内信息素按其引起的行为反应不同又分为性信息素、追踪信息素、报警信息素和聚集信息素等。目前,应用较多的为性信息素。

性诱剂主要是利用昆虫的性外激素起到引诱作用,影响害虫正常交配,这种方式能够对害虫的交配产生一定影响,从而降低害虫的繁殖率,以达到控制虫害的目的。目前性诱剂应用范围越来越广,我国已人工合成100多种害虫的性诱剂,广泛应用于棉花、水稻、甘蔗、玉米和果树的害虫防治,极大地降低了害虫的发生基数和危害程度,减少了化学农药的用量。

性迷向技术是向空气中释放大量人工合成的性信息素,减少雌雄交配,达到降低昆虫种群数量的目的。使用复合缓释迷向丝、信息素膏制剂、胶条制剂等悬挂在玉米植株间,配合杀虫灯、糖醋液等其他诱杀措施诱杀危害玉米的成虫。

四、食饵诱杀

糖醋液作为一种食物引诱剂,可诱杀对糖、醋、酒等液体气味有一定敏感性的昆虫。具体操作:取红糖350g、酒150g、醋500g、水250g和90%敌百虫原药15g,制成糖醋液,放在玉米田间1m高的地方诱杀玉米成虫。一般可诱杀玉米黏虫、金龟子、地老虎、斜纹夜蛾、甜菜夜蛾等鳞翅目、鞘翅目和双翅目多种害虫。

将麦麸、棉籽、豆饼粉碎做成饵料炒香,每5kg饵料加入90%敌百虫原药30倍液0.15kg，并加适量水拌匀。每亩施用1.5～2.5kg，可诱杀蝼蛄、蟋蟀、地老虎等地下害虫；也可在地老虎幼虫发生期，采集新鲜嫩草，把90%敌百虫原药50g溶解在1kg温水中，然后均匀喷施在嫩草上，将嫩草于傍晚放置在被害株旁边或撒于作物行间，进行毒饵诱杀。在地头挖30～60cm见方的土坑，内放马粪，粪下撒少许敌百虫可溶粉剂，可诱杀蝼蛄；也可在田间设水罐，罐内滴少量香油和杀虫剂，也有一定的诱杀作用。

五、草把诱虫

玉米黏虫的成虫具有趋黄性，喜欢在黄色枯草上产卵。可将稻谷草或粟谷草等扎成直径5cm左右的草把插于田间，每亩60～100把，每5～7d换1次草把，连续插把2～3次，把换下的枯草把集中烧毁，以消灭成虫和卵。

六、植物诱杀

害虫对某些植物有特别的嗜食习性，把这些植物扎把插在田间，或在田间周围种植这些植物，利用其诱杀害虫，如棉铃虫和造桥虫的成虫具有趋植性，产卵前，它们白天喜欢在新鲜绿色树丛中栖息，夜晚出来活动、觅食、交尾。因此，利用杨树或柳树枝扎把，插于田间，每亩20～30把，日出前，用塑料袋轻轻将枝把套好拔起，在地上摔打几下，取下塑料袋，将害虫去除。新放置的枝把当天诱不到成虫，经过1d，杨树或柳树枝叶萎蔫后散发出的气味即可诱到大量虫蛾。还可用新鲜的泡桐叶或莴苣叶诱杀地老虎幼虫，每亩放置60～80片，下午放出，翌日早晨捕捉，连续3～5d诱杀。另外，还可在玉米田种蓖麻诱杀金龟子，在棉田内种植玉米诱杀棉铃虫等。

第三节　生态调控技术

生态调控技术是人工调节方式，可在种植过程中改善作物与有害（有益）生物、环境与有害（有益）生物之间的关系，在此基础上及时消灭害虫并实现益虫的保护与协调，全面提升防控效益。一般采取选用抗病虫品种、优化作物布局、培育健康种苗、改善水肥管理等健康栽培措施，结合农田生态工程、作物间套种、天敌诱集带等生物多样性调控与自然天敌保护利用技术，改造病虫害发生源头，人为增强自然控害能力和作物抗病虫能力。

麦田和玉米田是诸多病虫天敌越冬越夏场所和种群繁殖基地，充分保护天敌对控制害虫的作用较大。昆虫的天敌常常由于生存条件恶劣而大量减少，因此，采取有效措施保护其天敌安全越冬越夏是非常必要的，如七星瓢虫、异色瓢虫、大红瓢虫、寄生蜂、螳螂、鸟类、蛙类、蜘蛛、捕食螨等。可在田埂和田边种植芝麻、大豆、秋英（波斯菊）、紫苜蓿等开花植物，保护寄生蜂、蜘蛛等天敌。在路边沟边、机耕道路旁种植香根草等诱集植物，降低螟虫的种群基数。捕食螨是重要的叶螨天敌。目前，胡瓜钝绥螨等植绥螨科昆虫已广泛应用于叶螨的防控。此外，中华草蛉、塔六点蓟马和深点食螨瓢虫等昆虫对叶螨也有一定的控制作用，应对其加强保护，利用叶螨天敌达到生态治理害虫的目的。

夏玉米间作绿豆可增加自然界中赤眼蜂等螟卵寄生蜂的种群数量，控制螟害的发生，或大量饲养繁殖释放寄生蜂治螟。根据玉米二点委夜蛾对340～360nm和440nm特异光趋性强、成虫产卵在麦秸秆的空隙、幼虫在麦秸秆覆盖下为害的特点，利用小麦灭茬、小麦秸秆细粉碎、清除玉米行间麦秸秆等生态调控措施进行防虫。

第四节　生物防治技术

生物防治技术主要是利用抗生素、昆虫调节剂，害虫的天敌等对病虫害进行防治的技术。一般是指以虫治虫、以螨治螨、以菌治虫、以菌治菌等生物防治关键措施，包括利用赤眼蜂、捕食螨、绿僵菌、球孢白僵菌、微孢子虫、苏云金芽孢杆菌、蜡质芽孢杆菌、枯草芽孢杆菌、核型多角体病毒等进行防治。生物防治技术对人、畜、植物安全，不杀伤天敌，不会引起害虫的再次猖獗且不产生抗药性，对害虫有长期抑制作用，不仅能实现有效防治害虫，还能保护生态环境。不足的是其效果比较缓慢，人工繁殖技术复杂。

一、农用抗生素防治技术

利用农用抗生素防治作物重大病害，是生物防治的重要部分。如南方稻区广泛应用井冈霉素防治水稻纹枯病，有效地控制了该病的流行。东北玉米产区使用嘧啶核苷类抗菌素控制了玉米、小麦等禾谷类作物的丝黑穗病。用叶甲防治豚草，泽兰实蝇防治紫茎泽兰等恶性杂草。如预防玉米大斑病、小斑病、弯孢霉叶斑病、褐斑病、纹枯病等叶部病害，可加入每克1 000亿芽孢的枯草芽孢杆菌可湿性粉剂30～50g或5％井冈霉素水剂100～150mL兑水进行喷雾防治。

二、苏云金芽孢杆菌杀虫剂

苏云金芽孢杆菌广泛地用于多种鳞翅目害虫的防治。苏云金芽孢杆菌能在害虫新陈代谢过程中产生一种毒素，使害虫食入后发生肠道麻痹，引起肢体瘫痪，停止进食。苏云金芽孢杆菌防治玉米螟、稻苞虫、棉铃虫、烟青虫、菜青虫均有显著效果，是微生物农药杀虫剂的首选品种。

三、昆虫不育技术

昆虫不育技术是应用物理的、化学的或生理遗传技术，处理害虫的雄虫，使其失去繁衍后代的能力，以防治害虫。该技术需要人工大量培育并释放无生育能力的昆虫个体，进入害虫群体后，由于雄虫不育而使后代种群数量减少，连续处理数代后，害虫被控制在极低密度内。

四、病毒制剂

在已知的昆虫病毒中，防治应用较广的有核型多角体病毒（NPV）、颗粒体病毒（GV）和质型多角体病毒（CPV）3类。这些病毒主要感染鳞翅目、双翅目、膜翅目、鞘翅目等的幼虫。玉米螟幼虫孵化盛期或草地贪夜蛾、棉铃虫、甜菜夜蛾2～3龄幼虫期，使用每毫升20亿多角体的棉铃虫核型多角体病毒悬浮剂50mL，或每毫升10亿多角体的甘蓝夜蛾核型多角体病毒悬浮剂80mL，或60g/L乙基多杀菌素悬浮剂30mL，兑水喷雾防治。

五、绿僵菌制剂

在播种期将绿僵菌颗粒剂直接撒施或拌土后撒施在种子附近，垄土覆盖来防治地老虎。也可使用绿僵菌可湿性粉剂加水混匀，喷洒或浇灌，根据虫情控制每亩用量200～400g。

六、白僵菌制剂

采用直接喷施球孢白僵菌粉剂的方法防治玉米螟、黏虫、玉米蚜，背负式喷雾喷粉机直接喷粉于植株叶面，使用剂量为每亩施粉剂100g。

七、赤眼蜂防虫技术

在玉米螟、棉铃虫、桃蛀螟等害虫产卵初期至卵盛期，选择当地优势蜂种。每亩放蜂1.5万～2万头，每亩设置3～5个释放点，分2次释放。

八、微孢子虫防治技术

微孢子虫是专性寄生虫，只能在活虫体内繁殖，蝗虫微孢子虫也只能在活蝗虫体内繁殖，蝗虫微孢子虫被蝗虫取食后，孢子即在蝗虫的消化道中萌发，穿进细胞并在细胞内繁殖，使蝗虫的器官发育受阻，最终死亡。施用方法：在蝗虫2～3龄期，每公顷以10亿～130亿个微孢子虫的剂量加水稀释，喷洒在1.5kg载体（通常为大片麦麸）上制成毒饵，用地面机具或飞机在田间条带状撒施，条带间隔40m左右。

第五节　科学用药技术

科学用药技术是指推广高效、低毒、低残留、环境友好型农药，优化集成农药的轮换使用、交替使用、精准使用和安全使用等配套技术，加强农药抗药性监测与治理，普及规范使用农药的知识，严格遵守农药安全使用间隔期。通过合理使用农药，最大限度降低农药使用造成的负面影响。主要涉及对症用药，采用正确的方法施药，适量适次用药，混合用药和交替用药，以防止和减缓有害生物产生抗药性，还包括按照安全间隔期用药，做到精准施药、安全用药。

一、种子包衣

很多病害的发生与种子带菌有很大关系，种子包衣在玉米病虫害防治，尤其是苗期病虫害的防治中占有重要地位，可以实现一剂多防。通过种衣剂包衣后可有效防治玉米苗期病虫害（丝黑穗病、根腐病、地下害虫、蚜虫、飞虱、黏虫等）的发生。但种子包衣对茎腐病防治效果不理想，也很少有种衣剂能够防治瘤黑粉病。使用种衣剂需要注意的问题：不同的防治对象选用不同的种衣剂（表12-1）；有些种业公司为降低种子加工成本，使用的种衣剂一般只有杀虫剂无杀菌剂，或只有杀菌剂无杀虫剂，如遇种衣剂成分不合理时，需要农户二次包衣。这时一定要注意二次包衣的药害问题。

表12-1　常用种衣剂

	防治对象	药剂名称
虫害	地下害虫和耕葵粉蚧	克百威、丁硫克百威、吡虫啉、高效氯氟氰菊酯、辛硫磷、硫双威、溴氰虫酰胺
	黏虫	氯虫苯甲酰胺、除虫脲、抑食肼
	蚜虫、蓟马、灰飞虱	噻虫嗪、吡虫啉、克百威、乙酰甲胺磷
病害	苗期病害	福美双、克菌丹、多菌灵、咯菌腈、三唑酮
	丝黑穗病	戊唑醇、灭菌唑、苯醚甲环唑、三唑醇
	瘤黑粉病	氟唑环菌胺、丙环唑、烯唑醇
	根腐病、茎腐病	咯菌腈、咯菌腈＋精甲霜灵、甲霜灵＋种菌唑、甲霜灵＋萎锈灵＋种菌唑、精甲双灵＋戊唑醇＋嘧菌酯

二、土壤处理

玉米对土壤要求不严格，能适应各类土壤。一般在玉米播种前，每亩可用2.5%溴氰菊酯乳油100～200mL兑水，拌土15～20kg配制成毒土；也可用3%毒死蜱颗粒剂2～4kg，在播种前或定植前沟施、穴施或撒施。玉米收获后麦播前，结合深翻进行土壤处理，可用3%辛硫磷颗粒剂每亩施用4～5kg或40%辛硫磷乳油每亩用500g，兑水适量喷在40kg细土上，拌匀后边撒边耕，深翻入土，可有效控制、减轻玉米地下害虫危害。

三、化学除草

苗前化学除草（土壤封闭）：在玉米播种后出苗期前土壤较湿润时，趁墒对玉米进行封闭除草。既要保证除草效果，又不能影响玉米及下茬作物的生长，严禁随意增加或减少用药量，严禁自行混配药液，严禁多年使用单一药剂。使用时应仔细阅读所购除草剂的使用说明，做到不重喷、不漏喷，以土壤表面湿润为原则。一般情况下，苗前除草剂对玉米安全性高，较少产生药害。常见药剂：乙草胺、异丙甲草胺、精异丙甲草胺、麦草畏、莠去津、西草净、莠灭净、嗪草酮、特丁津、二甲戊灵、草甘膦、绿麦隆、异丙隆等。

苗后化学除草：由于受田间残留秸秆的影响，苗前化学除草（土壤封闭）效果有限，可使用苗后除草剂防治杂草。但苗后除草剂使用不当，容易发生药害，轻则延缓玉米植株生长，形成弱苗，重则使玉米生长点受损，心叶腐烂，不能正常结实。施用时一定注意喷药浓度、药量大小、喷药时期、喷药方法、农药混用注意事项及补救措施。一般玉米苗4～6叶期是喷洒苗后除草剂的关键期。常见药剂：2甲4氯、2,4-滴异辛酯、烟嘧磺隆、噻吩磺隆、砜嘧磺隆、莠去津、氰草津、硝磺草酮、嗪草酸甲酯、溴苯腈、辛酰溴苯腈等。

四、生物农药

生物农药是指利用真菌、细菌、昆虫病毒、转基因生物、天敌等，或使用信息素、萘乙酸等制剂杀灭或抑制对农业有害的生物。生物农药既不污染环境、不毒害人畜、不伤害天敌，也不会诱发抗药性，是目前大力推广的低毒、低残留无公害农药。

常用药剂：苏云金芽孢杆菌杀虫剂和抗生素类杀虫杀菌剂，如阿维菌素、甲氨基阿维菌素苯甲酸盐、嘧啶核苷类抗菌素、井冈霉素等；昆虫病毒类杀虫剂和保幼激素类杀虫剂，如灭幼脲（虫索敌）；植物源杀虫剂，如苦参碱、印楝素等。

在生物农药难以控制时，可选用无公害化学农药进行防治。

参考文献

班丽萍,闫哲,裴志超,2020.华北地区鲜食玉米栽培管理与病虫害防治[M].北京:中国农业科学技术出版社.

郭书普,1999.玉米病虫害防治技术精要[M].北京:中国农业科学技术出版社.

李少昆,石洁,崔彦宏,等,2011.黄淮海夏玉米田间技术种植手册[M].北京:中国农业出版社.

商鸿生,王凤葵,沈瑞清,等,2005.玉米高粱谷子病虫害诊断与防治原色图谱[M].北京:金盾出版社.

石洁,王振营,2011.玉米病虫害防治彩色图谱[M].北京:中国农业出版社.

王本辉,韩秋萍,2010.粮食作物病虫害诊断与防治技术口诀[M].北京:金盾出版社.

王晓鸣,石洁,晋齐鸣,等,2010.玉米病虫害田间手册:病虫害鉴别与抗性鉴定[M].北京:中国农业科学技术出版社.

薛世川,彭正萍,2006.玉米科学施肥技术[M].北京:金盾出版社.

张云慧,李祥瑞,黄冲,等,2020.小麦病虫害绿色防控彩色图谱[M].北京:中国农业出版社.

郑肖兰,张方平,2019.海南南繁区玉米病虫害识别生态图谱[M].北京:中国农业科学技术出版社.

附　录

附录一　二十四节气

一、概述

二十四节气是我国农耕文明的产物，起源于黄河流域（中下游地区），早在春秋时代，古人就通过日圭观测正午日影的方法定出春分、夏至、秋分、冬至等4个节气。后经过不断地改进与完善，到秦汉年间，二十四节气已完全确立（附图1）。公元前104年，《太初历》正式把二十四节气定于历法，并明确了二十四节气的天文位置。可以说，二十四节气科学地揭示了天文气象变化的规律，反映了太阳的周年视运动，是劳动人民几千年来的实践经验和智慧结晶，在指导农事生产方面发挥着重要作用，影响着人们的衣食住行和文化观念。它将天文、自然节律和民俗实现了巧妙的结合，衍生了大量的岁时节令文化，是中华民族传统文化的重要组成部分。

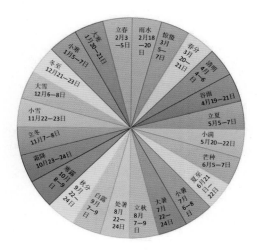

附图1　二十四节气

为便于记忆或分辨我国古时历法中的二十四节气，人们编成了诗歌，即"二十四节气歌"。诗歌流传至今有多种版本，流行最广的版本是："春雨惊春清谷天，夏满芒夏暑相连。秋处露秋寒霜降，冬雪雪冬小大寒。每月两节不变更，最多相差一两天。上半年来六廿一，下半年是八廿三"。对应的节气分别是："立春、雨水、惊蛰、春分、清明、谷雨，立夏、小满、芒种、夏至、小暑、大暑，立秋、处暑、白露、秋分、寒露、霜降，立冬、小雪、大雪、冬至、小寒、大寒"（附表1）。

附表1 二十四节气表

春季	立春 2月3日—2月5日	雨水 2月18日—2月20日	惊蛰 3月5日—3月7日
	春分 3月20日—3月21日	清明 4月4日—4月6日	谷雨 4月19日—4月21日
夏季	立夏 5月5日—5月7日	小满 5月20日—5月22日	芒种 6月5日—6月7日
	夏至 6月21日—6月22日	小暑 7月6日—7月8日	大暑 7月22日—7月24日
秋季	立秋 8月7日—8月9日	处暑 8月22日—8月24日	白露 9月7日—9月9日
	秋分 9月22—9月24日	寒露 10月8日—10月9日	霜降 10月23日—10月24日
冬季	立冬 11月7日—11月8日	小雪 11月22日—11月23日	大雪 12月6日—12月8日
	冬至 12月21日—12月23日	小寒 1月5—1月7日	大寒 1月20日—1月21日

二、内涵

夏至、冬至。合称"二至"，表示天文上夏天、冬天的极致。"至"意为极、最。夏至日、冬至日一般在每年公历的6月21日和12月22日左右。夏至雨连连，炎热天气来临；冬至雪纷纷，寒冷天气来临。

春分、秋分。合称"二分"，表示昼夜长短相等。"分"即平分的意思。这两个节气一般在每年公历的3月20日和9月23日左右。

雨水。表示降水开始，雨量逐渐增多。公历2月18日前后为雨水。

惊蛰。春雷乍动，惊醒了蛰伏在土壤中冬眠的动物。这时气温回升较快，渐有春雷萌动。公历3月5日左右为惊蛰。

清明。含有天气晴朗、空气清新明洁、逐渐转暖、草木繁茂之意。大约公历4月5日为清明。

谷雨。雨水增多，利于谷类作物生长。公历4月20日前后为谷雨。

小满。其含义是夏熟作物的籽粒开始灌浆饱满，但还未成熟，只是小满，还未大满。大约每年公历5月21日为小满。

芒种。芒种火烧天，麦类等有芒作物成熟，夏种开始，约在公历6月5日。

小暑、大暑、处暑。暑是炎热的意思，小暑还未达最热，大暑才是最热时节，处暑是暑天即将结束的日子。它们分别为每年公历的7月7日、7月23日和8月23日左右。

白露。气温开始下降，天气转凉，早晨草木上有了露水。每年公历的9月7日前后是白露。

寒露。气温更低，空气已结露水，渐有寒意，约在公历10月8日。

霜降。天气渐冷，开始有霜。霜降一般是在每年公历的10月23日左右。

小雪、大雪。开始降雪，小和大表示降雪的程度。小雪在每年公历11月22日左右，大雪则在12月7日左右。

小寒、大寒。天气进一步变冷，小寒还未达最冷，大寒为一年中最冷的时候。公历1月5日左右和该月的20日左右为小寒、大寒。

附录二　农业谚语

一、概述

农业谚语是俗语的一种，多是口语形式，是劳动人民在生活实践中总结出的丰富经验。它通过简单通俗、精练生动的短句或韵语，反映出深刻的道理，是中华民族的文化瑰宝，深受人民群众的喜爱，在农业生产中起着一定的指导作用。

二、分类

（一）雨水与农业

春雷响，万物长。春雨贵似油，多下农民愁。三场雨，遍地都是米。春雨漫了垄，麦子豌豆丢了种。雨洒清明节，麦子豌豆满地结。麦怕清明连夜雨。夏雨稻命，春雨麦病。三月雨，贵似油；四月雨，好动锄。春天三场雨，秋后不缺米。清明前后一场雨，豌豆麦子中了举。

（二）气温与农业

清明热得早，早稻一定好。四月不拿扇，急煞种田汉。夏作秋，没得收。

五月不热，稻谷不结。六月不热，稻子不结。六月盖被，有谷无米。三伏不热，五谷不结。铺上热得不能躺，田里只见庄稼长。人在屋里热得跳，稻在田里哈哈笑。人往屋里钻，稻在田里窜。人热了跳，稻热了笑。人怕老来穷，稻怕寒露风。遭了寒露风，收成一场空。晚稻全靠伏天长。秋热收晚田。麦里苦虫，不冻不行。冻断麦根，挑断麻绳。冷收麦，热收秋。

（三）降雪与农业

腊月大雪半尺厚，麦子还嫌"被"不够。麦苗盖上雪花被，来年枕着馍馍睡。大雪飞满天，来岁是丰年。大雪下成堆，小麦装满屋。今冬大雪飘，明年收成好。瑞雪兆丰年。一场冬雪一场财，一场春雪一场灾。冬雪一条被，春雪一把刀。腊雪如盖被，春雪冻死鬼。冬雪是麦被，春雪烂麦根。冬雪是被，春雪是鬼。冬雪年丰，春雪无用。春雪填满沟，夏田全不收。雪化水成河，麦子收成薄。春雪流成河，人人都吃白面馍。

（四）霜降与农业

下秧太冷怕烂秧，小秧出水怕青霜。寒损根，霜打头。桑叶逢晚霜，愁煞养蚕郎。晚霜伤棉苗，早霜伤棉桃。棉怕八月连天阴，稻怕寒露一朝霜。荞麦见霜，粒粒脱光。八月初一雁门开，大雁脚下带霜来。寒潮过后多晴天，夜里无云地尽霜。北风无露定有霜。霜打片、雹打线。

（五）物候与农业

1.以指示作物为指标预报农时　　九尽杨花开，农活一齐来。杨叶拍巴掌，老头压瓜秧。柳絮扬，种高粱。柳毛开花，种豆点瓜。柳絮落地，棉花出世。桐树开花，正种芝麻。桐花落地，谷种下泥。椿芽鼓，种秫秫（高粱）。椿芽发，种棉花。枣芽发，种棉花。枣芽发，芝麻瓜。榆挂钱，好种棉。榆钱鼓，种红薯。榆钱唰唰响，种子耩高粱。桃树开花，地里种瓜。桃花落地，豆子落泥。梨花香，早下秧。楸花开，谷出来。楸花开，麻出来。七里花香，回家撒秧。大麦上浆，赶快下秧。柿芽发，种棉花。麦扬花，排黄瓜。秧摆风，种花生。竹笋秤杆长，孵蚕勿问娘。四月南风大麦黄，才了蚕桑又插秧。荷叶如钱大，遍地种棉花。菊花黄，种麦忙。椹子黑，割大麦。麦黄杏子，豆黄蟹子。枇杷开花吃柿子，柿子开花吃枇杷。木瓜开花种小豆，小豆开花收木瓜。高粱熟，收稻谷。

2.以动物为指标预报农时　　布谷布谷，赶快种谷。斑鸠咕咕，该种秫秫。蛤蟆叫咚咚，家家浸谷种。青蛙呱呱叫，正好种早稻。青蛙打鼓，豆子入土。蚕作茧，快插秧。蚕老椹子黑，准备割大麦。蚊子见血，麦子见铁。黄鹂唱歌，麦子要割。知了叫，割早稻。知了喊，种豆晚。蚱蝉呼，荔枝熟。黄鹂来，拔蒜薹；黄鹂走，出红薯。燕子来，种苋菜。小燕来，摧撒秧，小燕去，米汤香。小燕来，抽蒜薹；大雁来，拔棉柴。大雁来，种小麦。哈气种麦，不要人说。嘴哈气，麦下地。

（六）肥料与农业

庄稼一枝花，全靠肥当家。粪是农家宝，庄稼离它长不好。种田无它巧，粪是庄稼宝。粪是土里虎，能增一石五。粪是庄稼宝，缺它长不好。种地没有鬼，全仗粪和水。粪草粪草，庄稼之宝。种地无巧，粪水灌饱。庄稼要好，肥料要饱。庄户地里不要问，除了雨水就是粪。

（七）种子与农业

好儿要好娘，好种多打粮。好花结好果，好种长好稻。好种出好苗，好花结好桃。良种种三年，不选就要变。一粒杂谷不算少，再过三年挑不了。三年不选种，增产要落空。种地不选种，累死落个空。种子不纯，坑死活人。种子不好，丰收难保。种子买得贱，空地一大片。好种长好苗，坏种长稗草。种子不选好，满田长稗草。千算万算，不如良种合算。谷种不调，收成不好。宁要一斗种，不要一斗金。

附录三 "荣誉殿堂"玉米品种

第二十八届北京种业大会暨首届中国玉米产业链大会设置了"荣誉殿堂"玉米品种评议、推荐活动。经过专家、经销商、农户（粉丝）的层层评议，最终确认入选并获得中国玉米"荣誉殿堂"的有下列20个玉米品种。

（一）郑单958

育种单位：河南省农业科学院粮食作物研究所。累计推广面积：5 800万hm²。郑单958是以郑58为母本、昌7-2为父本杂交育成的高产、稳产、多抗、中早熟玉米单交种（附图2）。该品种耐密植、适应性好，实现了高产与稳产的结合，并且制种产量高，深受农民和企业的青睐，推广面积持续快速增长。

附图2　郑单958

（二）中单2号

育种单位：中国农业科学院作物育种栽培研究所（于2003年重组为中国农业科学院作物科学研究所）。累计推广面积：3 260万hm²。1970年后，我国玉米大斑病、小斑病流行，推广的双交种出现大面积减产，从而促进抗病高产单交品种的选育。中单2号（Mo17×自330）具有丰产、多抗和广适的特性。

（三）丹玉13

育种单位：丹东农业科学院。累计推广面积：3 260万hm²。丹玉13（Mo17Ht×E28）是1979年选育的高产、稳产、广适、多抗玉米新品种。株高245cm，穗位高92cm，株型松散，叶片宽大，较抗大斑病、小斑病，高抗丝黑穗病，较抗倒伏。籽粒黄色，马齿型，千粒重285g左右，出籽率84%左右。

（四）先玉335

育种单位：铁岭先锋种子研究有限公司。累计推广面积：2 293万hm²。先玉335（PH6WC×PH4CV）自2004年通过国家审定，具有高产、稳产、早熟、脱水快、出籽率高的特点，其商品品质好，穗位适中，适合机械化收获，比当地品种有5%～10%的产量优势（附图3）。适合在东北、西北春播玉米区及黄淮海夏玉米区种植。

附图3　先玉335

（五）浚单20

育种单位：河南省鹤壁市农业科学院（原河南省浚县农业科学研究所）。累计推广面积：1 900万hm²。浚单20（浚9058×浚92-8）2003年通过国家审定（附图4）。突出优点是株型紧凑，果穗匀称，出籽率高，丰产性、稳产性好。2011年荣获国家科技进步一等奖。

附图4　浚单20

（六）掖单2号

育种单位：山东省莱州市农业科学院。累计推广面积：1 867万hm²。掖单2号（掖107×黄早4）属中熟杂交种，夏播生育期100d左右（附图5）。株高255cm，穗位高100cm左右，株型紧凑，叶片上冲、挺立。果穗不秃顶且粗大、均匀，穗轴较细，籽粒黄白色、马齿型。千粒重330g以上。掖单2号是我国第一个紧凑型高产玉米杂交种。

附图5　掖单2号

（七）农大108

育种单位：中国农业大学。累计推广面积：1 827万hm²。农大108（黄C×178）是中国农业大学许启凤教授历经18年时间、20个世代选育而成的，是20世纪90年代中后期至21世纪初在全国重点推广的稳产、大穗型、粮饲兼用的优质玉米新品种（附图6）。该品种在2000年获北京科技进步一等奖，农

附图6　农大108

附图7　掖单13号

业部全国农牧渔业丰收计划一等奖；2002年获国家科技进步一等奖。

（八）掖单13号

育种单位：山东省莱州市农业科学院。累计推广面积：1 507万hm²。掖单13号（掖478×丹340）属晚熟、紧凑大穗型杂交品种（附图7）。掖单13号是我国第一个亩产1 000kg以上的紧凑型高产玉米杂交种。

（九）四单19

育种单位：吉林省四平市农业科学院。累计推广面积：1 067万hm²。四单19（444×Mo17）是中熟玉米单交种，平均产量10 350kg/hm²，比对照四单8增产14.9%。该品种春玉米生育期（出苗至成熟）124d，需10℃以上积温2 550℃；种子拱土力强，早发性好，易抓全苗；株高265cm，穗位高100cm，穗长22cm，每穗14～16行，百粒重40g，单穗粒重230g，后期籽粒灌浆快；清种密度5.0万～5.5万株/hm²，间种密度6万株/hm²；制种产量高，产量3 500kg/hm²以上。该品种籽粒商品品质好，淀粉含量74.5%，比一般品种高3～5个百分点，出粉率较一般品种增加2.62个百分点。该品种抗玉米大斑病、丝黑穗病、茎腐病，抗玉米螟，抗倒伏。该品种适宜在吉林、黑龙江、内蒙古、河南、河北、山西、新疆、西藏等地种植。

（十）掖单4号

育种单位：山东省莱州市农业科学院。累计推广面积：720万hm²。掖单4号（U8112×黄早4）的特点是早熟，在山东夏播95d左右。该品种耐密植，穗子非常匀称，内外一致。掖单4号的抗倒伏性能非常突出，被称作"铁秆玉米"。掖单4号的缺点是不抗青枯病、大斑病，但是多年实践证明大斑病对掖单4号产量影响不大。

（十一）豫玉22号

育种单位：河南农业大学。累计推广面积：700万hm²。豫玉22号（综3×87-1）高产、抗病，是我国玉米第5次品种更新的代表品种之一（附图8）。主要特点是穗大、粒重、单株生产力强，抗旱性突出，适应性广。豫玉22号增产潜力大，综合抗性强，适应范围广，商品品质好。通过一系列基础研究，解决了玉米雄性不育的关键难题，提高了制种产量和质量，保证了大面积用种的安全生产。

附图8　豫玉22号

（十二）四单8号

育种单位：吉林省四平市农业科学院。累计推广面积：700万hm²。四单8号（系14×Mo17）于1976—1979年杂交育成。1980年经吉林省农作物品种审定委员会审定命名。1983年在吉林省四平、白城、长春、吉林等地种植面积达46.67万hm²，已成为吉林省主要推广的品种，在辽宁、黑龙江、河北、内蒙古等省份的部分地区也有种植。

（十三）京科968

育种单位：北京市农林科学院玉米研究中心。累计推广面积：640万hm²。

京科968（京724×京92）的籽粒品质和青贮品质的各项指标均达国标一级标准（附图9）。对大斑病、黑穗病、茎腐病、灰斑病和弯孢霉叶斑病均达中抗以上，高抗玉米螟，对叶螨等害虫具广谱抗性，具有高产、优质、多抗、广适、易制种等优良特性，同时具有氮高效、耐瘠薄、耐干旱、耐盐碱和耐寡照等突出优点。

附图9　京科968

（十四）鲁单981

育种单位：山东省农业科学院玉米研究所。累计推广面积：580万hm²。鲁单981（齐319×Lx9801）株型半紧凑，果穗大小均匀，不秃顶，无空秆（附图10）。夏播生育期98d，在中等肥力条件下，株高287cm，穗位高98cm，穗上叶6片。果穗柱形，穗长22cm，穗行数16行，行粒数43粒，籽粒黄白色，属半马齿型，千粒重366.4g，出籽率87%。高抗玉米大斑病、小斑病、锈病、粗缩病以及青枯病等玉米产区主要病害。较抗倒伏，活秆成熟，是稳定高产的广适品种。一般亩产600～750kg，高肥水地块亩产可达850kg。地

附图10　鲁单981

区适宜性强，在吉林、辽宁等春播玉米区和山东、山西、河北、河南等黄淮海夏玉米区，以及西南山地丘陵地带均可种植。适宜密度为每亩3 000 ~ 3 500株。

（十五）本玉9号

育种单位：辽宁省本溪满族自治县农业科学研究所。累计推广面积：573万hm²。本玉9号（Mo17Hi×7884-7Ht）的春播生育期120d，活动积温2 600℃左右。幼苗绿色，茎基叶鞘紫色，叶狭长，与茎成40°角斜伸，株高270cm左右，抗大斑病、小斑病，高抗丝黑穗病，抗倒伏，较抗旱耐涝，耐瘠薄，适应性广。适于在辽宁东部、吉林大部分地区、内蒙古东部、黑龙江南部以及河北、山东、河南麦茬玉米产区等推广种植。

（十六）登海605

育种单位：山东登海种业股份有限公司。累计推广面积：567万hm²。登海605（DH351×DH382）在黄淮海地区出苗至成熟需101d，幼苗叶鞘紫色，叶片绿色，叶缘绿带紫色，花药黄绿色，颖壳浅紫色。株型紧凑，株高259cm，穗位高99cm，成株叶片数19 ~ 20片（附图11）。花丝浅紫色，果穗长筒形，穗行数16 ~ 18行，穗轴红色，籽粒黄色、马齿型。登海605具有高产稳产能力，适应性较广。2006年以来一直作为山东、四川等地的玉米高产推荐品种。现已通过国家审定及10个省审定，种植区域覆盖整个华北、西北春玉米区，以及黄淮海夏玉米区。

附图11　登海605

（十七）掖单12

育种单位：山东省莱州市农业科学院。累计推广面积：560万hm²。掖单12（掖478×81515）属中熟、中大穗、紧凑型杂交种（附图12）。春播生育期130 ~ 140d，夏播生育期102d。株高240cm，穗位高90cm，千粒重300 ~ 320g。高产稳产性好，品质优良，根系发达，抗倒伏。亩产可达1 000kg以上。

附图12　掖单12

（十八）德美亚1号

育种单位：德国KWS公司。累计推广面积：473万hm²。德美亚1号

[(KWS10×KWS73) ×KWS49] 是黑龙江垦丰种业有限公司从德国KWS公司引进，2004年由黑龙江品种审定委员会审定推广（附图13）。该品种为早熟玉米三交种，在适应区生育期为105 ~ 110d，需活动积温2 100℃。该品种叶色深绿，抗倒伏，株高270cm，穗位高100cm，穗长18 ~ 20cm，穗行数14，行粒数38粒。两年平均籽粒含粗蛋白9.085%，粗脂肪4.67%，粗淀粉73.20%，赖氨酸0.265 4%。品质好，籽粒橙黄色，百粒重30g，容重780g/L，活秆成熟。适宜种植密度7.5万 ~ 8万株/hm²，喜肥水，适机械化作业。该品种适合在黑龙江第四积温带上限种植。

附图13　德美亚1号

（十九）掖单19号

育种单位：山东省莱州市农业科学院。累计推广面积：413万hm²。掖单19号（8001×52106）属中熟杂交种，夏播生育期105d左右。株高260cm，穗位高105cm左右，株型紧凑，叶片上冲、挺立。果穗不秃顶且粗大、均匀，穗轴较细，籽粒橙黄色、马齿型。穗粒数一般680粒左右，千粒重320g以上。掖单19号适应性广、稳产性好，是紧凑型玉米品种。

（二十）鲁单50

育种单位：山东省农业科学院玉米研究所。累计推广面积：333万hm²。鲁单50（鲁原92×齐319）幼苗绿色，叶鞘紫色（附图14）。株型半紧凑，株高250cm，穗位高95cm，成株19 ~ 20片叶。植株清秀，叶色浓绿。果穗长20cm，穗粗5cm，穗行数14 ~ 16行。籽粒黄色，半马齿型，千粒重316g左右，出籽率87.1%。品质较好，籽粒含粗蛋白9.21%，粗脂肪4.59%，赖氨酸

附图14　鲁单50

0.32%。夏播生育期100d。抗逆性强，较耐旱，高抗倒伏，高抗矮花叶病和锈病，抗小斑病、粗缩病、中抗大斑病。适宜在黄淮海夏玉米区推广种植。

图书在版编目（CIP）数据

玉米栽培与植保技术精编 ／ 张守林等主编．—北京：
中国农业出版社，2022.12
　　ISBN 978-7-109-30383-6

　　Ⅰ.①玉…　Ⅱ.①张…　Ⅲ.①玉米－栽培技术②玉米
－病虫害防治　Ⅳ.①S513②S435.15

中国国家版本馆CIP数据核字（2023）第018257号

中国农业出版社出版
地址：北京市朝阳区麦子店街18号楼
邮编：100125
责任编辑：李　瑜　黄　宇　　文字编辑：常　静　姚　澜
版式设计：杜　然　　责任校对：吴丽婷　　责任印制：王　宏
印刷：北京中科印刷有限公司
版次：2022年12月第1版
印次：2022年12月北京第1次印刷
发行：新华书店北京发行所
开本：700mm×1000mm　1/16
印张：13.75
字数：300千字
定价：138.00元